Einsamkeit und die psychologische Kraft der Marke

Oliver Errichiello

Einsamkeit und die psychologische Kraft der Marke

Oliver Errichiello
Büro für Markenentwicklung
Hamburg, Deutschland

ISBN 978-3-662-57829-2   ISBN 978-3-662-57830-8   (eBook)
https://doi.org/10.1007/978-3-662-57830-8

Die Deutsche Nationalbibliothek verzeichnet diese Publikation in der Deutschen Nationalbibliografie; detaillierte bibliografische Daten sind im Internet über http://dnb.d-nb.de abrufbar.

© Springer-Verlag GmbH Deutschland, ein Teil von Springer Nature 2019
Das Werk einschließlich aller seiner Teile ist urheberrechtlich geschützt. Jede Verwertung, die nicht ausdrücklich vom Urheberrechtsgesetz zugelassen ist, bedarf der vorherigen Zustimmung des Verlags. Das gilt insbesondere für Vervielfältigungen, Bearbeitungen, Übersetzungen, Mikroverfilmungen und die Einspeicherung und Verarbeitung in elektronischen Systemen.
Die Wiedergabe von Gebrauchsnamen, Handelsnamen, Warenbezeichnungen usw. in diesem Werk berechtigt auch ohne besondere Kennzeichnung nicht zu der Annahme, dass solche Namen im Sinne der Warenzeichen- und Markenschutz-Gesetzgebung als frei zu betrachten wären und daher von jedermann benutzt werden dürften.
Der Verlag, die Autoren und die Herausgeber gehen davon aus, dass die Angaben und Informationen in diesem Werk zum Zeitpunkt der Veröffentlichung vollständig und korrekt sind. Weder der Verlag noch die Autoren oder die Herausgeber übernehmen, ausdrücklich oder implizit, Gewähr für den Inhalt des Werkes, etwaige Fehler oder Äußerungen. Der Verlag bleibt im Hinblick auf geografische Zuordnungen und Gebietsbezeichnungen in veröffentlichten Karten und Institutionsadressen neutral.

Fotonachweis Umschlag: © VanHope/stock.adobe.com
Umschlaggestaltung: deblik Berlin

Springer ist ein Imprint der eingetragenen Gesellschaft Springer-Verlag GmbH, DE und ist ein Teil von Springer Nature
Die Anschrift der Gesellschaft ist: Heidelberger Platz 3, 14197 Berlin, Germany

Warum ruft uns eigentlich niemand an und sagt ‚Hey, komm rüber, wir setzen uns auf die Couch und surfen gemeinsam durchs Netz'?
Douglas Coupland

Vorwort

Machen Sie sich klar …
… die Marke ist die universelle Sprache unserer Zeit. Das ist zunächst keine These, sondern eine bloße Feststellung. Keine Kultur, keine moderne Epoche, kein übergreifendes gesellschaftlich-politisches System bleibt verschont von der Kraft der Marke. Das gilt es anzuerkennen. Marken scheinen einem emotionalen Bedürfnis der Menschen zu entsprechen – auch das sollte man – vielleicht mit einer Spur Verzweiflung – zur Kenntnis nehmen. Die Welt ist nun einmal ein ziemlich attraktives Jammertal und keine rationale Veranstaltung von ständig logisch entscheidenden „Verbrauchern". Denn in den allerwenigsten Feldern des Lebens verfügen wir über Informationen und Wissen, das in irgendeiner Form fundiert ist. Das meiste, was der moderne Mensch sagt, denkt und meint, ist ziemlich

zusammenhanglos, oberflächlich und allenfalls „gefühlsgetragen". Das hat Auswirkungen. Überall werden wir nach unseren Gefühlen gefragt: in der Schule, in der Arbeit und bei der Marktforschung. Gefühle haben gegenüber Fakten aller Art den Vorteil, dass sie sich einer Bewertung entziehen … Dennoch erfordert das erfolgreiche Bestehen in der modernen Welt, Tag für Tag Tausende von Entscheidungen zu treffen: die Wahl der Kleidung, des Verkehrsmittels, des Radiosenders, des Mittagessens, des Spülmittels, der Frau oder des Mannes, mit der oder dem man Zeit (vielleicht sogar den Rest seines Lebens – welch unfassbare Vorstellung) verbringen will. Die wenigsten dieser Entscheidungen sind getragen von einer Vorstellung des „Verbrauchs". Wer diesen Zusammenhang verdeutlicht, spricht dem Menschen seine Autonomie und Urteilskraft – das zentrale Motiv der Moderne – ab. Jedoch: Könnte es vielleicht sein, dass Freiheit für die allermeisten Menschen eine ziemlich anstrengende Angelegenheit ist?

Nun ist etwas höchst Seltsames zu beobachten: Obwohl wir es mit einem kulturellen Phänomen zu tun haben, wird die Marke den Ökonomen oder gar den Juristen anheimgestellt. Sie sollen die Marke konzipieren, entwickeln, messen, positionieren, justieren, verjüngen, eintragen, schützen, stretchen und bewerten. Sich über diese Vereinnahmung zu echauffieren, ist nicht nur zu simpel, sondern auch gleichzeitig falsch. Der Wunsch, die Marke in immer genauere Zahlenreihen zu erfassen, macht die Verzweiflung deutlich, ein sozialpsychologisches Phänomen unter Kontrolle zu bringen … und damit zu scheitern. Zahlen bewältigen keine Probleme. Zahlen entlasten vom Nachdenken. Wer mit Zahlen argumentiert, benötigt keine Sachkenntnis. Denn die Ökonomie erfasst lediglich die Wirkungen eines Systems, das ursächlich auf fundamentale innere Wünsche, Sehnsüchte und Ängste des Menschen zurückgeht. Erst die soziopsychologischen Kräfte erklären den universellen Siegeszug der Marke. Die Marke ist, weil wir die Einsamkeit fürchten. Die Marke ist in Zeiten der Zusammenhanglosigkeit, der Bindung ohne Tiefe, der wertlosen Geschichte, der zerstörerischen Universalität die Möglichkeit, Teil einer Gemeinschaft zu sein – flexibel, wandelbar und in einer Qualität, die unsere vermeintliche Selbstbestimmung nicht gefährdet.

Irrt man sich in Hinblick auf die eigentliche Tiefe des Phänomens Marke, so verhallen aufklärerische Appelle in der Endlosigkeit der Hoffnung. Die moderne Welt ist schnell, chaotisch, unverbunden; die Marke ist noch schneller, noch chaotischer, noch unverbundener. Dieses Büchlein versucht, eine schmale Linie zu ziehen: vom großen Ganzen des Unbewussten zum kleinen Teilchen im Supermarktregal.

Hamburg Oliver Errichiello
im Juli 2018

Inhaltsverzeichnis

1 Einführung   1

2 Die schöpferische Kraft der Einsamkeit   17

3 Die Einsamkeit als schöpferische Kraft   39

4 Individualität als schöpferische Kraft   59

5 Die schöpferische Kraft der Ökonomie   71

6 Fazit: Massenhaft einmalig   99

7 Schlussgedanke: Individualität als Zielgröße des 21. Jahrhunderts   113

Literatur   119

Über den Autor

Prof. Dr. Oliver Errichiello studierte Wirtschaftssoziologie und analytische Psychologie an den Universitäten Hamburg und Lyon. Beim Institut für Markentechnik in Genf sowie als Leiter der Strategischen Planung in Werbeagenturen sammelte er über zehn Jahre praktische Managementerfahrungen. 2006 gründete er das Büro für Markenentwicklung. Oliver Errichiello ist Lehrbeauftragter für Markensoziologie und Werbe- und Konsumentenpsychologie an den

Hochschulen Luzern und Bremen, der Universität Hamburg und der Europäischen Medien und Business Akademie. Er ist Mitorganisator der Vorlesungsreihe „Gemeinschaft und Gesellschaft" sowie „Moral und Ethik" an der Universität Hamburg. 2018 wurde er von der Hochschule Mittweida zum Honorarprofessor berufen.

1

Einführung

Analysieren heißt fremd sein.
Fernando Pessoa

Wirklich alles nur Verbraucher? Fragen zum Konsum
6000 Jahre lang glaubte der Mensch an die Ewigkeit und höhere Instanzen. Heute glaubt er an das aktuelle Update seines iPhones. Unsere innige Jagd nach Innovation und Aktualität scheint allumfassend: Bedeutsam ist, was neu ist – so zumindest der Eindruck, wenn der Fernseher läuft oder die Nachrichten mobil gelesen werden. Humbug: Das eine Prozent hipper Mover aus den gängigen Metropolen baut Luftschloss-Wirklichkeiten, die es in der Oldenburger, Ravensburger oder Görlitzer Fußgängerzone gar nicht zu sehen gibt. Schluss damit! Denn der Mensch

und seine Sehnsüchte haben sich seit Jahrhunderten strukturell rein gar nicht verändert. Eigentlich geht es immer (noch) darum, eine Arbeit zu finden, Kinder zu bekommen, ein Haus zu besitzen sowie den aktuellen Golf zu fahren. Der Lyriker Gottfried Benn schrieb das prägnanter: „Dumm sein und Arbeit haben, das ist Glück."

Glauben Sie, nahezu jeder Mensch mümmelt gerne Feldsalat? Kaufen wir alle Bio-Produkte und sind alle Veganer? Meinen Sie, jeder von uns habe heute ein Tattoo am Körper (mindestens)? Vermuten Sie vielleicht sogar, dass jeder ständig beim Shoppen neue Produkte austestet? Bitte nicht. Alles falsch. Das Lieblingsessen der Deutschen bleibt unangefochten das „Jägerschnitzel mit brauner Sauce", manchmal auch die ungesunde Currywurst mit Pommes, und auch wenn man es im Sommer am Strand oder im Stadion beim Fußballerbetrachten nicht glauben kann: Nur 10 % der Bevölkerung sind tätowiert. Der Anteil verkaufter Bio-Produkte im Lebensmitteleinzelhandel beträgt übrigens schmale 4 %, und üppig geschätzte 0,5 % der deutschen Bevölkerung sind Veganer – Kochshows und Illustriertenkochrezepte hatten dennoch diese Schwerpunkte. Hingegen sind 90 % der Produkte, die wir in den Einkaufswagen legen, seit Jahren identisch. Folgt man jedoch den verbalen Impulsvorträgen von Werbegurus und Trendagenturen (oder von Werbeagenturen und Trendgurus), so erfindet sich der moderne Mensch stündlich neu, jeder von uns ein tickender Informationsbalken. Manager wanken über Büroflure, um anschließend in Meetings ganz beseelt zu sagen: Das einzig Stetige ist der Wandel! Ihre Firmen machen es genauso: Innovation aus Tradition oder Tradition aus Innovation

– die Reihenfolge ist egal! Die Welt der Verkaufswirtschaft zimmert sich derweil ein Menschenbild zurecht, das keine Berührungspunkte mit der Realität besitzt – dafür aber im Minutentakt aktualisiert wird. Doch der Mensch und seine fundamentalen Wünsche und Sehnsüchte verändern sich keinen Deut. Das alles ist nicht besonders originell, dafür aber zutiefst menschlich. Sicher gilt dies nicht für alle, aber es betrifft die Mehrheit im fortgeschrittenen Alter, die seit dem selbsternannten Sozialpsychologen Gustave LeBon gern gescholtene Masse – also genau das, was im aufgeklärten 21. Jahrhundert das Grauen an sich bedeutet: den Mainstream. Das Nicht-Individuum. Dabei ist ein individuelles Bekenntnis zu diesem voraussehbaren Lebenskonzept inzwischen viel radikaler als sämtliche Selbstverwirklichungsseminare zwischen Berlin-Kreuzberg und Goa.

Die massenhafte Wirklichkeit rückt selten so in den Hintergrund wie heute. Das hat vielfältige Gründe. Der wichtigste: Alles und alle kreisen um die Vorstellung, das Leben habe sich beschleunigt und jeder müsse auf dem Weg sein individuelles Schicksal verwirklichen – so individuell und rasant wie nur irgend möglich. Schließlich hat man nur ein Leben, „carpe diem" schreit das Gewissen, seitdem wir nicht mehr glauben, dass das wahre Leben im Paradies beginne. Galt über Jahrhunderte, dass nur das gut ist, was „lange hält" und nur der verlässlich ist, der viel Erfahrung besitzt, so hat man nun den Eindruck, dass nur noch Dinge von Bedeutung sind, die „neu" und „innovativ" sind. Innovation und Neuerung bilden tragende Säulen des zeitgenössischen Selbstverständnisses und sind zu modernen Zauberworten geworden. Innovation ist das

Oben. Innovation steht für Erfolg, Zukunftsfähigkeit und Fortschritt an sich. Nicht umsonst heißt der Balken, der uns am Computer den stetig schneller werdenden Ladevorgang anzeigt, „Fortschrittsbalken".

Innovation wird gleichgesetzt mit der Verbesserung eines Produktes oder einer Dienstleistung im Sinne einer schnelleren oder effizienteren Lösung. Ob eine Kamera mit 75 Milliarden Pixel und einer Übertragungsrate kurz vor Lichtgeschwindigkeit tatsächlich sinnvoll ist, wird nicht gefragt (der sich selbst entwertende Produktzyklus gibt den Takt vor). Es zählt die Neuerung an sich. Die Masse hingegen besitzt ein zutiefst entwickeltes Gespür für diesen Zusammenhang und lässt 99 % aller Innovationen links liegen … sehr zum Verdruss der Meinungsmacher, die dem „Liegengelassenen" (s)eine überbordende Relevanz erst zugebilligt haben. Vom Glauben an die permanente Optimierung lebt nicht nur die Wirtschaft mitsamt direkt angeschlossener Werbe- und Trendindustrie: Zielsetzung der modernen Marketingmaschinerie ist, dass Bedürfnisse permanent neu geweckt werden – um sie nach dem Kauf gleich neu zu enttäuschen. Permanentes Facelifting ist längst nicht mehr dem menschlichen Antlitz vorbehalten, die Industrie mischt munter mit: Kurze Produktzyklen sind für alle da!

Medial relevant ist, was neu und nicht was bedeutsam ist. Die Neuigkeit ist zum Wert erhoben worden, immerhin leben der Journalist und seine Publikation davon. Es gilt der alte Spruch: In die Zeitung von gestern wickelt man Fische. Nicht nur, dass die Gier nach Neuem die wahren Nachrichten und Zustände verschleiert (nicht aus Bosheit, sondern aus Wirtschaftlichkeit), sie verkennt auch die Gewichtungen: Eine Minderheit von sogenannten Trendsettern bestimmt die Schlagzeilen der Gazetten, denn nur ihr Blick aufs Leben verspricht Nachricht, also Neuheit und gibt so der veröffentlichten Meinung ihre flüchtige Existenzberechtigung.

Warenmärkte als Ergebnis menschlicher Gefühle
Hinzu kommt ein weiterer Umstand: Konsumentensouveränität ist ein feststehender Begriff in der Volkswirtschaftslehre. Er soll veranschaulichen, dass die souveränen Verbraucher durch ihre Entscheidungen in hohem Maße bestimmen, was die Unternehmen zu produzieren haben. Der *Markt will es so* lautet die Erklärung, und das Marketing lauert und wittert überall „relevante Zielgruppen". Außerdem steht einer Kaufabsicht heute ein weltweites Leistungsspektrum über die digitalen Kanäle zur Verfügung. Der Konsument kann sich Gewünschtes aus einem schier unendlichen Angebot heraussuchen; mit vielfältigen Vergleichsmöglichkeiten … Der Homo oeconomicus hat die freie Wahl – Souveränität pur.

Ebenso prominent ist der Begriff der Produzentensouveränität. Als Maximum ist sie Monopol, im Extrem also so stark, dass der Konsument zum unhappy prisoner wird. Er hat keine Alternative, er muss vom Monopolisten kaufen, auch wenn er diese spezifische Ausführung einer einzelnen Leistung nicht sonderlich schätzt. Der Unternehmer kann frei entscheiden, sei er nun Hersteller oder Händler. Das ihm jeweils opportun Erscheinende kann er veranlassen: neue Produkte, neue Maschinen, neue Mitarbeiter, neue Zulieferer, neue Vertriebswege, neue Serviceleistungen und neue Preise. Er kann machen, was er situativ für angemessen hält. Auch er hat die freie Wahl, auch er ist ein Souverän.

Bei näherem Hinsehen zeigt sich diese Entscheidungsfreiheit in zweierlei Ausprägung: Die erste, die Freiheit *wovon*, meint das Sich-Befreien von vorangegangenen Entscheidungen. Der Kunde kann den Wechsel permanent wagen, um ein noch besseres Angebot zu finden. Die zweite Art zeigt die Freiheit *wozu*. Bei solchen Entscheidungen erkennt sich der Unternehmer eingebunden in Zusammenhänge und Vorgaben. Die Freiheit wovon belebt die permanente Sehnsucht, auszusteigen, alles abzubrechen, hinter sich zu lassen: Das Leben in Fülle auszuschöpfen – schließlich haben wir nur eines – die Ewigkeit gibt es nur noch als Namen für ein Parfum: Eternity. Die Freiheit wozu bezieht sich auf ein zusammenhängendes Vorher und Nachher. Die eine Freiheit will immer wieder Neues, will situativ entscheiden, die zweite zeugt vom Willen zum Werk; die eine will Grenzen sprengen, die zweite Grenzen füllen. Die erste wird gerne als kreativ gefeiert, die andere als altbacken vor allem von der sog. Kreativwirtschaft abgelehnt. Als coole und engagierte Verbraucher haben wir permanent das Neue zu wollen.

Wirtschaft und Emotionen
Bereits über die Verdeutlichung anscheinend „feststehender" Glaubensgrundsätze der Wirtschaft wird deutlich, dass sich ökonomische Prozesse nicht um sich selbst drehen. Vielmehr sind sie eingebunden in übergreifende soziopsychologische Dynamiken.

Jedoch werden disziplinübergreifende Fragen zwischen Geisteswissenschaft und Ökonomie – zumindest in unserer Epoche – kaum noch gestellt, sofern sie nicht statistisch im Sinne von „emotionalen Einstellungen" messbar sind.

Die Wirtschaftswissenschaften kommen mit der Fokussierung auf Zahlen- und Datensätze ihrem Wunsch, treffsichere Prognosen abgeben zu können – also ökonomische Gesetzmäßigkeiten zu postulieren –, vermeintlich immer näher. Der Journalist des Science-Magazins M. Mitchell Waldrop hat diese Beobachtung bereits vor mehr als 20 Jahren zum Anlass genommen, um auf einen sonderbaren „Komplex" hinzuweisen, den die Ökonomie präge: „Die Wirtschaftswissenschaftler waren schon seit langer Zeit davon überzeugt, ihr Gebiet sei so wissenschaftlich wie die Physik, alles sei also mit mathematischer Genauigkeit vorhersehbar" (Waldrop 1993, S. 50). Die Lebenswirklichkeit zeige dagegen tagtäglich, dass die meisten Phänomene nicht vorhersehbar sind, weil Menschen eben nicht ausschließlich „rational" entscheiden und verbrauchen – den homo oeconomicus hat es (außer in Lehrbüchern) nie gegeben. Und so wird nachvollziehbar, warum kein Wirtschaftswissenschaftler den Siegeszug von Facebook oder Apple vor 10 Jahren erahnen konnte, keiner voraussah, dass sich Redbull, Nespresso oder Nike zu Markenikonen entwickelten, aber Nokia oder Saab verschwinden würden.

Neuromarketing und andere Neurosen
Nicht zufällig kam es um die Jahrtausendwende zu einer weiteren Facette der Kundenanalyse: Mit dem Neuromarketing ließen sich nicht nur gut honorierte Kongresse und Seminare verkaufen, samt angeschlossener Beratungen, Experten und deren verlegter Fachliteratur,

sondern es erlaubte im wahrsten Sinne des Wortes einen „Blick in die Gehirne" der Menschen, um ihr Verhalten durch die Analyse der Gehirnaktivitäten instrumentieren zu können. Die Analyse blinkender Hirnareale im CT wurde schließlich angeregter Diskussionsinhalt. Marketingleiter stürzten sich auf neue Weisheiten und wurden Experten für limbische Systeme und den Hypothalamus. Gut zu wissen, wo es synaptisch klappert, wenn der Coca Cola-Schraubverschluss gedreht wird.

Warum dieser Erfolg? In einer smart auftretenden Allianz von Normalverteilung und Neuronen glauben Markenmanager, endlich die Schlüssel in den Händen zu haben, um die Wertschöpfungskraft von Unternehmen reibungsfrei stärken zu können. Endlich ist die Entscheidung, was wirklich wirkt, nicht mehr dem Zufall überlassen, sondern en détail steuerbar – gerade das Marketing muss sich nicht wie in den Jahrzehnten zuvor den Vorwurf gefallen lassen, immense Gelder unkontrolliert zu versenken. Im „Zeitalter der Zahl" herrscht kein Platz mehr für die Intuition – alles muss faktisch untermauert werden: Unternehmensführung als Zahlenführung.

Ausgestattet mit Zahlenreihen, Kennziffern, Einstellungs- und Emotionalpanels und empirisch kategorisiertem Datenmaterial werden Potenziale antizipiert.

Welche Vorteile hat dieses Vorgehen für alle Beteiligten in einem Unternehmen:

1. Die Entscheidung kommt einer analytisch-rationalen Grundhaltung in der Unternehmenssteuerung entgegen.
2. Die Entscheidung wird ent-personalisiert und in dieser Logik auch ent-verantwortlicht, denn ein Pro oder

Contra resultiert auf deskriptiven Zahlensätzen – Misserfolge in der wirtschaftlichen Performance waren nicht prognostizierbar und fallen nicht negativ auf die Initiatoren zurück.
3. Die Entscheidung fügt sich in die Strukturlogik des Gesamtunternehmens ein, das im Sinne der Steuerbarkeit klare Kennziffern erwartet.

Folgendes Gedankenexperiment: Stellen Sie sich vor, dass ein Produktmanager seine Entscheidung hinsichtlich eines neuen Produktes und seiner konkreten Ausgestaltung auf Basis „seines Gefühls" treffen würde. Selbst bei der Präsentation vor der Geschäftsführung würde die Überzeugungsstrategie darauf beruhen, dass ein „Ich glaube daran" ausreichend wäre … So unrealistisch bzw. naiv eine solche Vorstellung scheint, desto irritierender ist, dass die größten Marken, die wir heute kennen, auf eben diesem Vorgang beruhen. Viele Marken sind entstanden, weil ein Erfinder auf eine Idee kam, daran glaubte und sie – meist gegen den Widerstand seiner unmittelbaren Umgebung und über lange Zeit – durchsetzte. Viele dieser Ideen mögen ein Detail umfasst haben (eine spezielle Verarbeitungstechnik, ein bestimmter Lieferservice), manchmal waren es revolutionäre oder (um das Modewort zu nennen) disruptive segmentverändernde Neuerungen.

Die Tatsache, dass heute keine Imbiss-Eröffnung um einen dezidierten Businessplan herumkommt, verschleiert, dass der Erfolg vieler Marken eben kein Resultat einer zahlenbasierten Analyse ist, sondern auf ein tief verwurzeltes Wollen der Initiatoren zurückgeht.

Marken werden zunehmend oberflächlich anhand von Durchschnittswerten und Algorithmen erdacht und geführt und sind keine „Idee" aus dem Leben für das Leben. Die Fokussierung auf Zahlen hat für die Markenentwicklung schwerwiegende negative Konsequenzen:

1. Alle haben die identischen Bewertungsgrundlagen: Wettbewerber beobachten den identischen Markt und erhalten ähnliche Marktforschungsdaten. Es liegt nahe, dass eine ähnliche berufliche Sozialisation auch zu nahezu identischen Bewertungen führt.
2. Wenn Bewertungen sich angleichen, werden die Kausalschlüsse und Operationalisierungen ähnlich werden. Kurzum: Alle machen immer das Gleiche, weil der Markt es ja vorzugeben scheint.
3. In der Folge wird die Kraft einer Marke, ihre Charakteristik, stetig zurückgefahren – schließlich wird versucht, den Kundenwünschen möglichst passgenau zu entsprechen … wie bei der Konkurrenz auch.

Kampf der Zahlen
Marketing und Verkaufsförderungsstrategien haben sich zunehmend zu einem Kampf der Zahlen entwickelt. Dabei wird auf Basis statistischer Verdichtungen versucht, Entwicklungen zu prognostizieren, ohne einen Sachverhalt tiefenanalytisch und ganzheitlich verstehen zu wollen. Zahlen in ihrer Determiniertheit und Nüchternheit passen sich idealtypisch dem Informationsverarbeitungsprozess einer unüberschaubaren Welt an – sie reduzieren Komplexität und Risiken. Zahlen suggerieren heute ein hermetisches „Ursache-Wirkungs-Verständnis" und eine neutrale

Bewertungsgrundlage. Allerdings: Die Markengeschichte beweist, dass die eigentlichen Innovationen und überdurchschnittlichen Marktpotenziale äußerst selten in der Fortführung vermeintlicher Entwicklungen liegen. Vielmehr erdenkt und entwickelt ein „Erfinder" Marktbedürfnisse. Starke Marken befriedigen keine Marktbedürfnisse, starke Marken erfinden Bedürfnisse (zumindest in ihrer Anfangsphase). Das oft zitierte Bonmot von Steve Jobs, dass er niemals Marktforschung betrieben hat, bringt diese Logik auf den Punkt: Keine Marktforschung hätte vor 40 Jahren diagnostiziert, dass die Welt sich einen Computer für das Wohnzimmer wünschte (und jetzt sogar in die Hosentasche steckt). Es hätte nicht prognostiziert werden können, weil es unbekannt war. Diese Logik beschrieb bereits der Markentechniker Hans Domizlaff, als er vor ca. 80 Jahren formulierte, dass der Kunde niemals „fordere", sondern vor allem dankbar sei.

Ein zahlenfixiertes Marketing basiert in der Regel auf der Annahme linearer Trends: Wenn sich ein Strukturmuster entwickelt hat, neigen wir dazu, dieses fortzuschreiben. In dieser Logik wird das Unternehmen mit einer Maschine gleichgesetzt, deren Teile – je nachdem was opportun ist – ausgetauscht und optimiert werden können. Dieses Denken ist hoch problematisch, weil die Unternehmenspraxis beweist, dass Unternehmen eben keine „trivialen", sondern „lebende" Systeme sind, die sich fortwährend anpassen und weiterentwickeln.

Intuition statt Zahl
Wo der Mensch auf Technik und Statistiken vertraut, vertraut er nicht mehr auf die eigenen Fähigkeiten.

Stattdessen rückt das Schema in die Entscheidungsnetzwerke, und die Marke verliert ihre eigentliche Vitalität. Der Rückzug auf die Zahl und die Biologisierung von Markenführungsfragen entpersonalisiert die Entscheidungsverantwortung: Nicht mehr der Entscheider entscheidet, sondern datenbasierte Analysen geben die Entscheidung vor. Die Professionalität und das Talent des Marketingverantwortlichen basieren nicht auf der Entscheidung als solcher, sondern im Zuschnitt zielgenauer Datenerhebungs- und Evaluationsverfahren.

Das „Gefühl" für das stilistische Kompositionsvermögen der Kundschaft ist in den Führungsetagen der Konzerne nicht mehr relevant, sodass zwar die Käufer ihre Marke im wahrsten Sinne des Wortes begreifen, aber nicht mehr das Management.

Ein ursachenorientierter Blick auf die Triebkräfte der Wirtschaft

Es mag sein, dass die Beschäftigung mit den psychosozialen Triebkräften der Wirtschaft umfassend und diffus erscheint – ihre Komplexität erweist sich als nicht eingrenzbar und widerstrebt der durchgesetzten forscherischen Terminologie und Vorgehensweise der „kleinen Einheiten" – der große denkerische Entwurf bleibt den Klassikern des 18. und 19. Jahrhunderts vorbehalten. Denn große Fragen bedingen große Antworten und damit die Gefahr, vor dem Hintergrund eines relativierenden Zeitgeistes autoritär zu wirken. Unsere Epoche ist das Zeitalter der Fragmentierung und Spezialisierung – von der individuellen Müslizusammenstellung, dem personalisierbaren Kindermärchenbuch über den „Wie-für-mich-gemacht"-Ratenkredit bis hin zur wissenschaftlichen Theorielegung. Ansonsten liefe man Gefahr, in Bereichen der akademisch ausrangierten Metaphysik zu argumentieren. Eine aktuelle Version eines Immanuel Kant wäre allein aufgrund der fehlenden Fußnoten heute nicht mehr zitierbar … ein derartiger Autor würde wohl nur noch über „Books on Demand" verlegen. Das wissenschaftliche Decrescendo unserer Zeit hat rückführbare Ursachen.

Dieses schmale Buch unternimmt den Versuch, zwei Kernbegriffe der modernen Welt aufeinander zu beziehen: Einsamkeit und (Marken-)Wirtschaft. Das mag irritieren, denn unser alltägliches Verständnis von Einsamkeit tangiert unser tiefstes Selbst, zerstreute Gefühlswelten, Emotionalität und bisweilen auch irrationale Gedanken und Handlungen, während die Ökonomie (zumeist) eine hoch rationale, akribische und kalkulierende Wissenschaft und Aktivität ist. Jedoch: Vielleicht ermöglicht eine neue Form der Bezugnahme viel eher eine (mit aller angebrachten Bescheidenheit) tieferliegende Perspektive auf einen universellen Zusammenhang. Dieses Buch versucht nachzuweisen, dass die Einsamkeit der Ausgangspunkt für eine Aktivität ist, die die Weltgeschichte kultur- und zeitübergreifend prägt: die Wirtschaft.

Wer besser verstehen will, warum wirtschaftliche Prozesse – über die Sicherung der Lebensfunktion hinaus – die zivilisatorischen Prozesse der Kulturen bedingt und befördert haben, muss soziopsychologische Gedanken in die Analyse einbeziehen.

Der Grundgedanke dieses Buches lautet: Wirtschaftliche Prozesse beruhen auf dem Einsamkeitsempfinden des Menschen. Voraussetzung für das Bewusstsein von

Einsamkeit ist Individualität. Der sozialpsychologische Zustand der Einsamkeit als Folge eines individuellen Eigenverständnisses hat direkte Auswirkungen auf die Ausbildung von Aktivitätszusammenhängen, deren wichtigster und universellster die Ökonomie ist.

Worum es geht: Drei Definitionen
Um die Weitläufigkeit der Reflexion einzugrenzen, macht es Sinn, die entscheidenden Begrifflichkeiten zu definieren:

Einsamkeit wird verstanden als ein sozialpsychologischer Zustand, in welchem der einzelne Mensch seine Existenz als isoliert und resonanzgehemmt empfindet. Der einsame Mensch ist „in sich gefangen", sein Handeln stößt auf keine Reaktion oder gedanklichen Aufgriff durch seine Umwelt. Seine Existenz verbleibt spurlos und statisch.

Individualität (lat. für Ungeteiltheit) wird verstanden als die Vorstellung eines einmaligen, unkopierbaren, unverwechselbaren Lebewesens im Ergebnis des Zusammenwirkens aller wahrnehmbaren Merkmale.

Ökonomie wird verstanden als die Gesamtheit aller Einrichtungen und Handlungen, die der planvollen Befriedigung der Bedürfnisse dienen. Zu den wirtschaftlichen Akteuren zählen Unternehmen, private und öffentliche Haushalte. Zu den Handlungen des Wirtschaftens zählen Herstellung, Absatz, Tausch, Konsum, Umlauf und Verteilung von Gütern.

Der Mensch als „Homo oeconomicus"?
Der Gründungsmythos der betriebswirtschaftlich orientierten Ökonomie ist seit 1900, dass das menschliche Handeln steuer- und programmierbar wäre. Die

Vorstellung vom „Homo oeconomicus", also dem rational abwägenden Verbraucher, der das wählt, was in Abwägung von Nutzen und Kosten die effektivste Lösung verspricht, geistert als intellektueller Fixpunkt weiterhin durch die moderne Wirtschaftswissenschaft. Die Hintergründe sind klar: Die Entwicklung der modernen Betriebswirtschaftslehre war eine Folge der zunehmenden strukturellen Schwierigkeiten bei der Führung komplexer Unternehmungen in differenzierten und vielschichtigen Märkten. Es galt, Systematiken und Prognosen auf das zukünftige Verhalten von Konsumenten bereitzustellen. Die Ökonomie als Anwendungswissenschaft muss Grundlagen haben, auf denen Verhaltens- und rechnerische Modelle ausgearbeitet werden. Als Anwendungswissenschaft erhebt die Ökonomie demgemäß und unter Berücksichtigung ihrer Historie keinen erschöpfenden Anspruch, die eigentlichen Triebkräfte für die Motivation wirtschaftlicher Prozesse zu analysieren – mit gewichtigen Folgen für die strukturelle Erklärung ökonomischer Dynamiken. Und gerade deshalb gilt: Die Verknüpfung von soziopsychologischen Erkenntnissen mit dem systemischen Gegenstand „Wirtschaft" hält überraschende Fragestellungen parat. Denn:

- Warum gibt es überhaupt Wirtschaft?
- Warum ist sie zeit- und kulturübergreifend wirksam?
- Warum optimiert der Mensch über wirtschaftliche Prozesse seine individuelle Situation?

Es ist Ziel, erste grundlegende Annäherungen an die Ursache ökonomischer Prozesse darzustellen. Nicht im Sinne einer normativen Bewertung, also einer Gefahrenübersicht, wie die moderne Wirtschaft den Menschen vermeintlich versklavt oder manipuliert, sondern vielmehr vor dem Fokus einer anthropologischen Perspektive, die sich fragt, welche Anliegen und Bedürfnisse der Mensch kultur- und zeittranszendent mit ökonomischen Prozessen schöpferisch befriedigt.

2

Die schöpferische Kraft der Einsamkeit

In einem gedanklichen Trommelfeuer sich ständig erneuernder wirtschaftswissenschaftlicher Theorien, eines atemlosen globalen Tagesgeschäftes und mythologisch anmutender „I did it"- und „Business Punk"-Erfolgsgeschichten eines Start-up- und Plattform-Unternehmertums wird die Ökonomie zu Beginn des 21. Jahrhunderts nicht vor dem Hintergrund grundsätzlicher sozialpsychologischer Eigenschaften oder seelischer Sehnsüchte des Menschen betrachtet, sondern zumeist als „Zustand für sich": Wirtschaft funktioniere als Wirtschaft. Wirtschaftliche Prozesse gelten gleichsam als „zweite Natur" (Karl Marx) mit eigener Logik und Motiven, die ebenso wenig verhandelbar sind wie Naturgesetze. Die Ökonomie scheint von den psychologischen und soziologischen Dispositionen des Menschen losgelöst.

Alles nur Manipulation?
An sich habe sich am Sachverhalt selbst nichts verändert: Denn an der Oberfläche unserer Wahrnehmung herrsche ein betörender Tumult. Globale Konzerne stritten nicht nur um Rohstoffquellen und Marktzugänge, sondern sie kämpften vor allem um die Gedankenhoheit im Denken: Im permanenten Versuch, unsere Sinne zu beeinflussen, gäbe es kaum noch einen Bereich menschlicher Aktivität, der nicht für einen wirtschaftlichen Akteur interessant wäre – vom Nabelschnurblut bis hin zur Bestellung des Sarges per Online-Click. Eine übermächtige Marketingmaschine, die in Zeiten des „always on" permanent die Gewohnheiten des Alltages bearbeite, schaffe willfährige Konsumenten, „Shopaholics" und „Shopping Queens" von Kindesbeinen an. Die Mythologisierung einer „allmächtigen Marketing-Maschine" ist inzwischen weit über Fachdiskussionen hinaus zum „Common Sense" geworden.

Seriell individuell
Die entscheidende Frage wird allerdings nicht gestellt: Sind wir frei in unseren Kaufentscheidungen – unabhängig von Werbeaktivitäten – oder zwingen uns nicht vielmehr soziopsychologische Dispositionen zum permanenten Konsum? Marketing und Werbung mögen Konsum verstärken, aber eben nicht ursächlich hervorrufen.

Zwar wähnen wir uns so informiert, aufgeklärt und rational abwägend wie nie in der Kulturgeschichte – Bildungs- und Informationszugängen sei Dank – und dennoch drängt sich der Eindruck auf, dass der moderne

Mensch gleichzeitig äußerst gleichgerichtet und konform denkt und agiert. Die Uniformität der Autofarben an einem Werktagvormittag, die Gleichartigkeit der Mode auf einem Schulhof, der Bildungskanon zu lesender Literatur … über alle soziodemografischen Schichtungen hinweg höchst homogen in Ausprägung und Zusammenstellung. Die Vorstellung von „Zielgruppen" ist die reale Auswirkung derartiger Clusterbildungen.

Der Soziologe Georg Simmel ging bereits vor mehr als 100 Jahren davon aus, dass eine zunehmend industriell entwickelte Welt die Anzahl der Individualisierungsoptionen vergrößere, aber eben nicht die Individualisierungstiefe. Dies würde bedeuten, dass das Gefühl und der Wunsch von bzw. an Individualität eben nur Gefühle und Wünsche bleiben, aber den modernen Menschen nicht real kennzeichnen. Individualität wird gedacht, aber nicht realisiert. Im Gegenteil: Je normierter Lebenswege und Alltag die Vorstellungen beeinflussen, ein klares „Richtig oder Falsch" vorgeben, desto stärker sind die Versuche, Einheitlichkeiten zu überdecken – obwohl oder gerade weil sich an der standardisierten Tiefenstruktur nichts ändert. Produkte sowie Dienstleistungen und der zugrunde liegende Warenaustausch sind eine Ausdrucksform dieser anscheinend fundamental erlebten Notwendigkeit.

Macht Gier Wirtschaft?
Folgt man einer oberflächlichen Betrachtungsweise, dann ist oftmals zu hören, der eigentlich zugrunde liegende Mechanismus für die Entwicklungsdynamik wirtschaftlicher Prozesse sei ein seelischer Antrieb, der mit „Gier"

bezeichnet wird. Denn die Gier als universelles Gefühl des Menschen provoziere Begehrensantriebe sowohl in individueller als auch in kollektiver Weise.

Die Kunstgeschichte hält spannende Belege bereit: Es verläuft eine kulturimmanente Kontinuität von Quentin Matsys Bild des „Geldwechslers und seiner Frau" aus dem Jahr 1514 (Abb. 2.1)über Pieter Brueghels „Die Gier" von 1556/1557 bis zu Dagobert Duck (Abb. 2.2) und zur

Abb. 2.1 Quentin Massys, Der Geldwechsler und seine Frau, 1514. (© picture alliance / United Archives / DEA)

2 Die schöpferische Kraft der Einsamkeit

Abb. 2.2 Dagobert Duck. (© 2017, EGMONT Ehapa Media, Berlin)

Schlüsselszene des enigmatischen Filmes „Wallstreet" aus dem Jahr 1987, in dem der Protagonist, der Investmentbanker Gordon Gekko – gespielt von Michael Douglas – folgende Aussage trifft: „Der entscheidende Punkt ist doch, dass die Gier, leider gibt es dafür kein besseres Wort, gut ist. Die Gier ist richtig, die Gier funktioniert. Die Gier klärt die Dinge, durchdringt sie und ist der Kern jedes fortschrittlichen Geistes. Gier in all ihren Formen, die Gier nach Leben, nach Geld, nach Liebe, Wissen hat die Entwicklung der Menschheit geprägt."

Die Gier wird spätestens seit Beginn des Christentums (die sog. Avaritia, lat. für Geiz/Habgier, gilt als zweite der sieben Hauptsünden) als zu überwindendes Übel ethisch gegeißelt und heute in der veröffentlichten Meinung gerne an konkreten negativen Beispielen verdeutlicht (Managergehälter und Insolvenzverschleppungen etc.). Die entscheidende Frage wird allerdings nicht formuliert: Ist es tatsächlich Gier, die wirtschaftliche Prozesse initiiert, oder ist nicht die Gier lediglich das Symptom einer zugrunde liegenden universellen existenzialistischen Erfahrung?

Wenn die Gier nur ein Symptom oder eine Folge einer zugrunde liegenden psychosozialen Ursache ist, macht es Sinn, zunächst zu klären, was das eigentliche „Spielfeld" für diese Emotion ist, um dann sämtliche involvierten Triebkräfte zu benennen und in ihrer Bedeutung einzuordnen.

Wirtschaft ermöglicht Optionen
Grundsätzlich gilt: Wirtschaft gibt es, weil Menschen in einer mehr oder weniger entwickelten Gesellschaft Waren und Dienstleistungen austauschen, um das eigene Überleben zu sichern oder (späterhin) anzureichern und im Idealfall den eigenen Wünschen nach zu gestalten.

Wirtschaft konstituiert die eigene Gemeinschaft, indem es Bedürfnisse und Wünsche realisiert, die vorteilhaft für die eigene Gruppe sind. In der Folge kommt es entwicklungsgeschichtlich zu einer Akkumulation von Waren oder Geld, die über die eigentlichen Objekte hinaus als „Möglichkeiten" Sicherheiten und Auswahloptionen schaffen.

Der Soziologe Georg Simmel beschrieb diesen Zusammenhang vor mehr als 100 Jahren in folgenden Worten: „Die Wirtschaft leitet den Strom der Wertungen durch die Form des Tausches hindurch, gleichsam ein Zwischenreich schaffend zwischen den Begehrungen, aus denen alle Bewegung der Menschenwelt quillt, und der Befriedigung des Genusses, in der sie mündet. Das Spezifische der Wirtschaft als einer besonderen Verkehrs- und Verhaltensform, besteht – wenn man einen paradoxen Ausdruck nicht scheut – nicht sowohl darin, daß sie Werte austauscht, als daß sie Werte austauscht. […] Allein der objektive, und oft

2 Die schöpferische Kraft der Einsamkeit

genug auch das Bewußtsein des Einzelnen beherrschende Vorgang abstrahiert sozusagen davon, daß es Werte sind, die sein Material bilden, und gewinnt sein eigenstes Wesen an der Gleichheit derselben – ungefähr wie die Geometrie ihre Aufgaben nur an den Größenverhältnissen der Dinge findet, ohne die Substanzen einzubeziehen, an denen allein doch die Verhältnisse bestehen" (Simmel 1996, S. 57).

Die entscheidende Frage lautet: Geschieht dies, weil Menschen per se Optionen sicherstellen wollen, also Besitz als Verwirklicher ihrer Vorstellungen begreifen, oder liegt diesem Verhalten eine Motivation zugrunde, die viel tiefer in der Psyche des Menschen verankert ist und als geistige Dynamik von Kollektiven wirkt?

Die Tatsache, dass Wirtschaft als Leistungsaustausch ein kulturübergreifendes Phänomen ist, welches in unterschiedlichen Interpretationen von Beginn der menschlichen Zivilisation an vorkommt, macht deutlich, wie existenziell wirtschaftliche Prozesse die Psychologie des Einzelnen und die kollektiven Handlungen ganzer Gruppen bedingen.

Daraus ergeben sich Fragen:

- Ist Wirtschaft eine „soziale Tatsache", die menschliches Handeln (unbewusst) konstituiert und steuert oder aber setzt ein anderer Reiz wirtschaftliche Prozesse in Gang und aktiviert sie?
- Warum will der Mensch über die Ökonomie seine Lebensoptionen bestimmen und vor allem auch ausweiten?
- Was verleitet ihn dazu, von den ersten getauschten Steinen und Werkzeugen der Frühzeit bis hin zu den

Campingstühlen vor den Geschäften beim Verkauf eines neuartigen Smartphones in der Postmoderne Gedanken und körperlichen Aufwand und Mühen aufzunehmen, um seine Wünsche bzw. Begehren zu erfüllen?

Werbung manipuliert nur Bestehendes?
Aus der Ferne betrachtet könnte der Mensch viele seiner wirtschaftlichen Aktivitäten einstellen, sobald die entscheidenden Lebensnotwendigkeiten realisiert sind. In der Lebenswirklichkeit bestehen aber über existenzielle Bedürfnisse hinaus fiktive Wünsche, die den Antrieb des „Haben-Wollens" permanent bestärken. Diese herbeigesehnten Wünsche werden in der zeitgenössischen Konsumkritik zumeist als perfide Kommunikationsstrategien gebrandmarkt. Ihr wirkungsvollstes Durchsetzungsinstrument: die moderne Werbung.

Die sog. „Manipulation" durch und mit Werbung wird seit mehr als einem Jahrhundert untersucht und auch populärwissenschaftlich behandelt. Sie ist ein Dauerthema der medialen Berichterstattung, das zu hohen Einschaltquoten führt und Magazinen erhebliche Verkaufszahlen beschert. Unser Konsum ausnahmslos nur geschickte Instrumentierung, hineingepresst mithilfe mannigfaltiger Kanäle und immenser Etats? Der moderne Mensch sei zum Spielball geschulter Marktforscher, Marketingprofis, Datenanalysten und Werber mutiert. Ein Entrinnen sei angesichts der Massivität der Präsenz kaum möglich. Diese Behauptung wirkt eingängig. Die Sozialaktivistin und Buchautorin Naomi Klein (No Logo) geht sogar so weit, den Einfluss von Marketing und Werbung mit einem Kriegszustand zu vergleichen und zitiert die Physikerin und Philosophin Ursula Franklin: „We are occupied the way the French and Norwegians were occupied by the Nazis during World War II, but this time by an army of marketeers. We have to reclaim our country from those who occupy it on behalf of their global masters" (zit. nach: Klein 2000, S. 311).

Ihre grundsätzliche Aussage ist: Der Werbung kann man gerade in Zeiten des „Big Data" nicht entkommen und daher wirkt sie – heutzutage sogar ständig und unmittelbarer durch die allumfassende mediale Vernetzung mithilfe elektronischer Alltagshelfer.

Kleine Geschichte der Entlarvung
Nicht nur im Alltag wird vom „Marken- oder Werbeterror" berichtet, auch die wissenschaftliche Auseinandersetzung mit bezahlter Kommunikation ist so alt und alltäglich wie die moderne Massenware selbst: Der Soziologe Werner Sombart schrieb zu Beginn des 20. Jahrhunderts, dass Markenwerbung „in schamloser Weise die hässlichen Vorgänge der Bedarfsdeckung ans Licht zerrt und womöglich in Schönheit tauchen möchte" (Sombart 1908, S. 285). Massenwirksam wurde die Kritik an der Massenware Ende der 1950er Jahre, als der amerikanische Publizist Vance Packard die Begriffe Marke, Werbung und Manipulation miteinander verknüpfte. Im Jahr 1960 schrieb Raymond Williams in seinem Aufsatz „The magic system", dass Werbung eine Schlüsselrolle für das kapitalistische System einnehme und den Menschen konditioniere. Wolfgang Haug deckte in seiner Analyse „Kritik der Warenästhetik" (1971) auf, wie es zum Aufstieg von Marke und Werbung kommen konnte. Amir Kassaei, einer der prominentesten

Werber Deutschlands, polemisiert noch 2015 ähnlich: „Während die ganze Welt über Nachhaltigkeit nachdenkt, sind Werber die Letzten, die lauthals Propaganda für hemmungslose Konsumgier machen. Wir sind die Frontschweine eines Systems, das auf quantitativem Wachstum aufgebaut ist. Wir versuchen, Menschen Waren zu verkaufen, die sie nicht brauchen, und erziehen sie dazu, sich durch Konsum zu definieren" (Schmoll und Winkelmann 2015, S. 69).

Dagegen sieht ausgerechnet der marxistisch orientiere Sozialwissenschaftler Wolfgang Pohrt den Kapitalismus und seine Produkte als kulturelle Gesetzmäßigkeit: „Es ist nicht die Herrschaft von Menschen über Menschen, sondern es herrscht ein Sachzusammenhang über die Menschen, der von ihnen selbst geschaffen worden ist" (Pohrt 2013, S. 89). Pohrt macht deutlich, wie unabhängig voneinander wirkende Wirtschaftsakteure gleichwohl voneinander abhängen und miteinander indirekt interagieren. Aus dieser unkoordinierten Aktionsfolge ergeben sich Dynamiken, die sich dem Wunsch oder der Kontrolle des Einzelnen entziehen. Pohrt schreibt: „Betrachten wir lieber die Tatsachen: Seit das Kapital existiert, stolpert es von einer Krise in die nächste. Dabei gedeiht es prächtig, Untergänge wirken auf das Kapital wie ein Jungbrunnen […]" (Pohrt 2012, S. 50).

Die Lebenswirklichkeit beweist, dass der Mensch der Postmoderne die Warenwelt sehr freudig annimmt. Er sucht gezielt aus und entscheidet sich massenhaft trotz logischer („Mein Konto ist bereits überzogen. Diesen Mantel dürfte ich mir gar nicht kaufen, aber er war so schön!" oder „Eigentlich habe ich schon drei Mäntel im

Kleiderschrank. Ich müsste nach Sibirien, um die alle mal zu tragen.") oder ethischer („Ich weiß, dass die ihre Produkte unter höchst fragwürdigen Bedingungen herstellen, tja." Oder „Eigentlich finde ich es wirklich nicht gut, dass dieser Apfel aus Neuseeland zu uns kommt, aber im Supermarkt gab es keine anderen.") Gegenargumente. Das mag von progressiven Moralisten angeprangert und von engagierten Erziehern als verachtenswerte Indoktrination gegeißelt werden, aber verändert nichts an der Tatsache, dass die Ökonomie und ihre Waren immense Felder des Lebens besetzen und unser Handeln lenken, unter Umständen sogar bedingen. Man stelle sich in unserem Zeitalter einen Tag ohne den Konsum von Waren vor … es ist nicht möglich, weil sämtliche Felder der menschlichen Existenz längst kommerzialisiert wurden.

Die Freude der Wahlmöglichkeit
Es bleibt dabei: Fast euphorisch wählt der Mensch sein Deo aus, geht zu McDonalds statt zu Burger King … oder vor allem in keines der beiden Schnellrestaurants, sucht bei einem Städtetrip zwischen Barcelona, London oder Rom aus. Mehrere hundert Mal finden wir im Laufe eines Tages das für uns richtige Produkt, entscheiden uns bewusst für oder gegen ein Angebot und sind zufrieden, wenn wir das erhalten, was wir uns gewünscht haben. Vielleicht haben wir sogar lange auf eine Ware oder Reise gewartet, mussten sparen und waren bereit, eine unerfüllte Neigungsbereitschaft gezielt emotional auszuhalten.

Es greift zu kurz, wirtschaftliche Prozesse, die sich vor allem in der Warenökonomie abzeichnen, ausschließlich unter dem Gesichtspunkt einer unterschwelligen

Manipulation zu verstehen. Viel eher scheint sich ihre übergreifende psychosoziale Kraft aus dem Differenzierungswillen des Einzelnen zu ergeben, der über die heutigen wirtschaftlichen Prozesse die Möglichkeit erhält, individuell wahrgenommen zu werden, obwohl der Differenzierungsträger selbst – die Ware – höchst standardisiert ist. Eine Paradoxie ist also das eigentliche Kraftfeld der modernen Ökonomie: Wir kaufen gleichartige Waren, um uns einzigartig zu fühlen …

In der Ökonomie wird in Bezug auf die psychologischen Dispositionen oftmals die Bedürfnispyramide von Abraham Maslow zugrunde gelegt (Abb. 2.3). Die Theorie einer Bedürfnishierarchie, nach der der Mensch zunächst seine physiologischen Bedürfnisse befriedigt, um erst in der Folge soziale Neigungen und schließlich Aspekte der Selbstverwirklichung zu realisieren, ist ohne Zweifel nachvollziehbar. Vor einem sozioökonomischen Hintergrund allerdings wird die entscheidende Frage nicht beantwortet: Was treibt den Menschen über die Sicherstellung der Lebensfunktionen hinaus an, die Angebote des Anderen nicht nur zur Kenntnis zu nehmen, sondern sogar so begehrenswert zu empfinden, dass er sich um den Erhalt oder Erwerb der Objekte bemüht? Die Feststellung unterschiedlicher Bedürfnisqualitäten durch Maslow erklärt noch nicht das Warum.

Wirtschaft vergrößert das Ich
Es scheint, als ob der Mensch die begehrten Objekte und Leistungen als Möglichkeit empfindet, (s)eine soziale Isolation aufzubrechen und dem Wunsch nach „Aufgehobensein" in einer Gruppe Gleichgesinnter näher zu kommen.

2 Die schöpferische Kraft der Einsamkeit

Abb. 2.3 Die Bedürfnispyramide nach A. Maslow. (© scottchan – Fotolia)

Dabei sind die imaginierten Objekte, d. h. die Produkte und Dienstleistungen, immer und ausschließlich Resultate einer individuellen Gestaltinterpretation – sowohl vom Erzeuger als auch vom Käufer. Das Objekt beinhaltet Botschaften über seinen Gebrauchswert hinaus.

Der Mensch komponiert unaufhörlich aus den ihn umgebenden Subjekten bestimmte Interpretationen und Gefühlswelten. Alles Konsumterror? Angesichts der heutigen vielfältigen Marketing- und Werbeliteratur scheint ein Schmunzeln erlaubt, wenn deutlich wird, dass sich damals ein noch junger Wissenschaftler sehr frühzeitig mit dem Wesen der Marke beschäftigte, dessen intellektuelle Gefolgsleute in der Folge alles dafür unternahmen, um eben diese Manipulationstendenzen zu überwinden: Karl Marx. Im vierten Abschnitt seines Buches über das Kapital schreibt er 1866: „Eine Ware scheint auf den ersten Blick ein selbstverständliches, triviales Ding. Ihre Analyse ergibt, dass sie ein sehr vertracktes Ding ist, voller metaphysischer Spitzfindigkeit und theologischer Mucken. Soweit sie Gebrauchswert, ist nichts Mysteriöses an ihr, ob ich sie nun unter dem Gesichtspunkt, dass sie durch ihre Eigenschaften menschliche Bedürfnisse befriedigt oder diese Eigenschaften erst als Produkt menschlicher Arbeit erhält" (Marx 1973, S. 85). Ein Tischler, der einen Tisch fertigt, mag aus Holzleisten einen Gebrauchsgegenstand hergestellt haben, aber erst sein Verkauf gibt dem Tisch ein anderes Wesen: „Sobald er nämlich als Ware auftritt, verwandelt er sich nämlich in ein sinnlich, übersinnliches Ding. Er steht nicht nur mit seinen Füßen auf dem Boden, sondern er stellt sich allen anderen Waren gegenüber auf den Kopf, und entwickelt aus seinem Holzkopf Grillen, viel wunderlicher, als wenn er aus freien Stücken zu tanzen begänne" (Marx 1973, S. 85). Geradezu hilflos beschreibt Marx das Wesen des modernen Produktes, welches nicht nur den Bedarf befriedigt, sondern sich als Ware verändert, indem es einen Subjektcharakter annimmt. Mit dieser Analyse tritt Marx als ein ausgesprochener Marketing-Theoretiker auf, denn ernstzunehmende Experten werden heute kaum etwas anderes behaupten, wenn es um das Thema Marke geht – man nennt es nur anders: Image.

2 Die schöpferische Kraft der Einsamkeit 31

Welche Ursache hat das Image? Produkte und Dienstleistungen entstehen durch Individuen an einem spezifischen Ort. Die Individualität des Einzelnen und seine Entfaltungstalente und Wahr**gebungsqualitäten** machen die Objekte einmalig. Denn nur das, was sich unterscheidet, ist überhaupt wahrnehmbar (in unserer Zeit allerdings verhindert eine atemberaubende Alltagsgeschwindigkeit die Betrachtung des Einmaligen – Wahrnehmbarkeit beruht auf der Kenntnis des Unterschiedes). Die Resultate dieser Kreation stehen dem Menschen als Optionen der Teilhabe und damit als Optionen der Angehörigkeit zur Verfügung. Wirtschaft vergrößert das Ich, wenn es heutzutage nicht weite Teile unseres Ichs konstituiert. Der Philosoph und Top-Model-Juror Wolfgang Joop formulierte deshalb: „Je mehr Marken, desto vielfältiger das Ich."

Ein weiterer Aspekt kommt hinzu: Ganz im Gegensatz zu der verbreiteten Auffassung, dass der Kapitalismus egoistische Dispositionen befriedige, geht es um viel tiefer liegende psychosoziale Dynamiken: Je haltloser die Welt, desto größer ist das Streben nach Sicherheiten und Vertrautem. Die Ökonomie ist ein zutiefst sozialer Sachverhalt, geprägt vom „Zwischen", d. h. der Interdependenz und Beziehung einzelner Menschen oder Gruppen zueinander. Wirtschaft mit sich selbst wäre nicht möglich. Denn der Austausch setzt den Dialog zwischen zwei unterschiedlichen Handelnden voraus. Diese Form der Interaktion macht – neben dem eigentlichen Objektaustausch – die Wirtschaft zu einem hochgradig sozialen Prozess, der geeignet ist, das Gefühl der Isolation und des Getrenntseins vom Rest der Welt aufzuheben.

Entscheidend für ein sozioökonomisches Verständnis ist: Sozial ist in der wissenschaftlichen Auffassung vielmehr keine normative Größe. Sozial heißt nicht „gut". Sozial ist unter Rückgriff auf den Gründervater der deutschen Soziologie, Ferdinand Tönnies, wenn sich Menschen durch ihr Tun gegenseitig förderlich bedingen. Dabei kann das Ziel dieses Zusammenwirkens durchaus menschenfeindlich und zerstörerisch sein. In ihrem hilfreichen Zusammenspiel allerdings ist eine Verbrecherbande, die ein Geschäft ausraubt, überaus sozial. Indem der Mensch über wirtschaftliche Prozesse an den Gemeinschaften anderer teilhat, entsteht ein feinmaschiges Netzwerk an Verbundenheiten und Anknüpfungspunkten, das den Alltag mit tatsächlicher und ideeller Nähe durchzieht.

Die Erkennbarkeit als Individuum
Es besteht die verbreitete Vorstellung, dass das Gefühl der Geborgenheit und des Aufgehobenseins, d. h. der Gegenpol zur Einsamkeit, heutzutage in den Hintergrund tritt, keine Entsprechungen durch Formen der langfristig bedingungslosen Bindung und Sicherung hat, die beispielsweise in einer idealen Familie vorkommen. Stattdessen sei das moderne Leben geprägt von Anonymisierungen in Beruf und Familie: Der Einzelne nur noch eine Nummer, ein Leistungsträger, Bestandteil der „Human Resources", die ein Profitcenter vorgäbe. Sicherlich trat in den letzten Jahrhunderten an die Stelle der kleinen, überschaubaren Gemeinschaften eine im Vergleich dazu anonyme Massengesellschaft und heute im Rahmen der digitalen Vernetzung sogar die „Global Community". Die Ausprägung von Individualität findet jedoch

nicht unbedingt in einer engen sozialen Beziehung statt. Im Gegenteil: Je enger eine soziale Beziehung ist, desto weniger Kraft bleibt für die Entwicklung und Pflege eigener Vorstellungen und Pläne. Nichts kann so einengend sein wie tradierte Familienkonstellationen oder restriktiv durchgesetzte kulturelle Regeln. Nähe ist kein Garant für individuelle Freiheit – meist ist das Gegenteil der Fall.

Unzweifelhaft ist, dass der Mensch sein Ich ausschließlich in einem Wechselverhältnis zur Umwelt erlebt, vor allem zu seiner Familie, zu seinen Freunden, seinen Bekannten und Kollegen. Grundsätzlich gilt: Erst über die Interdependenz zweier Pole, also eines sozialen Wechselverhältnisses aus Senden und Wahrnehmen, entsteht der Mensch als soziales Wesen. Der russische Kulturwissenschaftler Moissej S. Kagan drückt dies unter Rückgriff auf den Philosophen Ludwig Feuerbach so aus: „[…] der einzelne Mensch hat an sich kein menschliches Wesen […]. Das Wesen des Menschen besteht nur in der Gemeinschaft, in der Einheit des Menschen mit dem Menschen enthalten ist" (Kagan 1994, S. 28).

Dieses Wechselverhältnis kann allerdings auch (und vor allem seit Beginn des Massenkonsums) durch die Beziehung zu den Dingen erreicht werden. Indem wir Dingen eine „Seele", ein „Image" (von Sigmund Freuds „Imago") zusprechen, machen wir deutlich, wer wir sind und wie wir verstanden werden wollen. Wir entscheiden uns für Mercedes oder AUDI, Apple oder Samsung, Lidl oder ALDI jeden Tag aufs Neue und geben dadurch auch immer eine Botschaft ab. Mithilfe der Dinge wollen wir als Individuum erkannt werden.

Nichts ist so ausschließend wie eine Gemeinschaft
Der Sozioökonom Alexander Deichsel hat darauf hingewiesen, dass die Bildung von Gemeinschaft zwar den Einzelnen aus seiner Isolation befreit, allerdings auch zu gegenteiligen Effekten führt: „Da wir in unserem Da-Sein immer nur durch Ausgrenzung Leben realisieren, immer nur eine der Möglichkeiten zur wirkenden Wirklichkeit bringen, entgleiten uns alle anderen auf Nimmerwiedersehen. Alles andere […] sind vielmehr endgültig verpaßte Varianten meiner Möglichkeit, menschliches Leben zu verwirklichen. Insofern tritt mir in anderem, auch und vor allem: im Anderen meine eigene existenzielle Schuld entgegen, nur Ich, nicht auch zugleich alles andere zu sein. […] Auf soziologisch buchstabiert ist das der vertrackte Zusammenhang von Sozialem und A-Sozialem: Wenn ich mich hic et nunc dir und euch zuwende, wende ich mich allen anderen ab! Voluntaristisch gewendet, kommt aus dem spinozistischen ‚omnis determinatio est negatio' das soziologische ‚Der Wille zum Sozialen erschafft das A-Soziale' hervor. Das ist die gleiche Teufelei: Welche Rücken ich auch immer sehe, sie veranlassen mich, Gesichter zu suchen. Doch Vorsicht: Wenn sich Gesichter zum Kreis schließen, sind sie für andere Rücken – Gegenlicht und Schatten des Sozialen: das A-Soziale" (Deichsel 1988, S. 183).

Es wird deutlich, dass die Mobilisierung wechselseitiger Beziehungen, die sich zu Gruppen verdichten, eben nicht zu einer „sozialeren" Welt führt, sondern im Gegenteil zu stetiger Differenz und Ausgrenzung. Denn wenn wir uns entscheiden, Fan des FC Bayern München zu sein, dann sind wir gleichzeitig kein Fan des Hamburger Sport

Vereins und machen bewusst deutlich: Ich gehöre nicht dazu. Was andere im Gegenzug dazu bringt, aus diesen Gründen nicht die Bayern zu präferieren. Das Wahrnehmen von Einbezug und Ausgrenzung führt zur permanenten Bildung neuer Gruppen, um als soziales Wesen einge- und verbunden mit anderen und anderem zu sein. Der kindliche Ausspruch „Wir feiern hier eine Party und du bist nicht dabei" ist Motor und Energetikum für die anhaltende Erfindung neuer Gemeinschaften. Ökonomische Austauschprozesse sind ihrem Wesen nach Teilhabeinteraktionen – ent- und begrenzen durch ihre konkrete Umsetzung.

Unsicher in Bezug auf menschliches Verhalten – trotz universeller Datenerhebung
Im Effekt bedeutet dies: Das Individuum ist kein „Homo oeconomicus" und keine triviale Reiz-Reaktions-Maschine. Das Handeln des Menschen ist auch in einem Aktionsfeld wie der Wirtschaft geprägt von individualpsychologischen und soziologischen Dispositionen und von seiner Einbettung in kulturelle und soziale Zusammenhänge, die durch unterschiedliche Lebenswege und Erfahrungen das Ich und schließlich auch jede Entscheidung strukturell beeinflussen, wenn nicht sogar bedingen. Damit beruht jedes Handeln auf nicht eindeutig rückführbar mikroökonomischen Ursachen und darauf aufbauenden Dynamiken, die zwar bestimmte Wahrscheinlichkeiten aufweisen, aber nie absolut vorgegeben und prognostiziert werden können.

Diese „unheimliche Unsicherheit" in Zeiten unzähliger Datenerhebungsmaschinerien (wahrscheinlich wird der

Leser der Zukunft über unsere derzeitig vermeintlichen Erhebungs- und Analyseinstrumente milde lächeln) scheint aus der Zeit gefallen. Überall ist unsere Ansicht und Meinung gefragt (allerdings nur als Durchschnittswert), um die erwünschten Aktionen von Zielgruppen oder Marktteilnehmern forcieren zu können. Im Effekt versuchen Verhaltenswissenschaftler, Informatiker, Ökonomen, Psychologen und Soziologen das Verhalten des Menschen über eine immer größere Zahl von Datensammlungen vorauszusagen. Sicher ist, dass inzwischen mit größter Wahrscheinlichkeit Prognosen über die Art, was, wann und wie Menschen konsumieren, getätigt werden können – bei hoher Trefferquote. Und sicherlich ist die Musikauswahl, die uns der Musikstreamingdienst Spotify auf Basis unserer bisherigen Lieblingssongs vorschlägt, oder sind neue Bücher, die Amazon seinen Kunden anzeigt, erstaunlich nah an unserem Geschmack …, ob wir allerdings den vorgeschlagenen Song tatsächlich hören und das neue Buch kaufen, ist nicht sicher, sondern allenfalls wahrscheinlich.

An diesen Beispielen wird deutlich, in welchem Spannungsverhältnis die moderne Ökonomie vorgestellt werden sollte: Zum einen zwischen vermeintlich eindeutigen (statistisch-empirischen) Modellen, die auf Basis durchgesetzter Formeln als allgemein gültig geltende Wahrscheinlichkeiten errechnen und Planbarkeit ermöglichen. Zum anderen aber findet „Wirtschaft" durch und mit irrationalen Menschen statt – selbst ein leistungsfähigster Börsencomputer fällt seine Entscheidungen auf Basis von Kausalitäten und Erfahrungswerten, die

Menschen vorgeben. Denn den Menschen charakterisiert neben logischen, d. h. (kulturell) durchgesetzten, Denkprozessen ebenso sein absolut freies ästhetisches Urteil (so kann niemand einem anderen Menschen vorschreiben, eine Farbe besonders schön zu finden oder einen Geschmack zu präferieren). Dieses anthropologische Talent bedingt Unplanbarkeiten in der Entscheidungsfindung. Wirtschaftliche Prozesse entziehen sich aufgrund der soziopsychologischen Dispositionen einer absoluten Wahrscheinlichkeit, also sicheren Prognose.

Hier setzt eine sozial-psychologische Betrachtung an: Die Ursachen der Irrationalität als Unsicherheitsfaktor ökonomischer Prozesse zu beschreiben und zu ergründen. Dabei ergeben sich folgende Leitfragen:

- Was geschieht psychologisch und soziologisch in wirtschaftlichen Prozessen?
- Welche Bedürfnisse werden eingedämmt, befeuert oder auch (zeitweise) gestillt?
- Wie verändert der wirtschaftliche Austausch den Einzelnen und welche Auswirkungen hat dies auf sein Bewusstsein in der Welt?

Wie bereits deutlich wurde, ist ein – wenn nicht der – Schlüssel zur tiefenwirksamen Betrachtung dynamischer Prozesse innerhalb der Ökonomie die existenzielle Grunderfahrung der Einsamkeit. Dabei geht es nicht um eine bewertende Sichtweise eines fundamentalen psychosozialen Gefühls, sondern um die Klärung, ob der Mensch nicht permanent die Bildung von Strukturen, Netzen,

Gemeinschaften anstrebt, vielleicht sogar anstreben muss, um das fundmentale Bedürfnis sozialer Eingebundenheit zu befriedigen … weil erst der Mensch durch den Menschen und – in unserer Epoche – durch die von ihm veredelten Dinge zum Menschen wird.

3

Die Einsamkeit als schöpferische Kraft

Am 5. September 1979 startet die Sonde Voyager 1 auf eine Reise ins Weltall. Jahre später reist sie an Jupiter und Saturn vorbei, sendet seltsam-faszinierende Aufnahmen der Planeten und ihrer Monde und setzt ihren Weg fort.

An Bord der Sonde befindet sich die „Golden Record", eine Zusammenstellung von Zeichnungen, Fotografien, mathematischen Formeln und kurzen Tonaufnahmen in zahlreichen Sprachen. Vielleicht, so die pittoreske Hoffnung der Forscher, wird die goldene Schallplatte von intelligenten Lebewesen gefunden – irgendwann in der Ewigkeit.

Voyager ist das am weitesten von der Erde entfernte Objekt von Menschenhand. Seit 2012 befindet es sich im interstellaren Raum. 2025 werden die letzten Geräte der Sonde ausgeschaltet werden. In ungefähr 500 Jahren wird es die Äußere Oortsche Wolke, den Rand unseres Sonnensystems erreichen und von dort endlos weiterreisen …

Am 14. Februar 1990 nimmt Voyager ein Bild der Erde aus 6,4 Milliarden Kilometern auf und sendet es an die Empfangsantennen der Steuerungsstation am Rande der Sierra Nevada. Die Fotografie wurde in den folgenden Jahren unter dem Namen „Pale Blue Dot" berühmt. Die Erde ein unmerklicher Punkt inmitten von Schwarz. Diese Aufnahme verdeutlicht in großer bildhafter Wucht die Isolierung und Singularität der Erde in der Unendlichkeit des Alls und gleichzeitig das fundamentale Gefühl von Kleinheit des einzelnen Menschen angesichts des ihn umgebenden Nichts: In einem endlosen Kosmos fliegt ein kleiner Planet durch eine Umgebung, die dem Menschen gegenüber an Gleichgültigkeit und Feindseligkeit absolut ist. Das Wissen um die individuelle und kollektive „Geworfenheit" (Martin Heidegger) in die Unübersichtlichkeit menschlicher Beziehungen und Existenz ist epochen- und kulturübergreifend.

Formen der Einsamkeit

Die Ansicht darüber, was Einsamkeit ist, wirkt trotz oder bei tieferer Betrachtung aufgrund der Universalität der geisteswissenschaftlichen Beschäftigung immens. Philosophen, Psychologen, Soziologen und Literaten beschreiben die Einsamkeit auf vielfältige Weise. Einsamkeit ist – als Annäherung an einen fundamentalen Existenzbegriff – die Furcht vor dem Alleinsein, das Gefühl der Verlassenheit, der Isolation und dem Fehlen der Integration im Mit-Menschlichen, dem Du. Erst vor diesem Hintergrund bildet sich die Wahrnehmung von

3 Die Einsamkeit als schöpferische Kraft

Einsamkeit als zusammen- und anknüpfungsloser Kommunikation heraus. Heidegger fasste diesen Gedanken in dem Satz „Das In-Sein ist Mitsein mit Anderen" zusammen. Der Psychoanalytiker C. G. Jung formulierte sinngemäß, dass Einsamkeit nicht dadurch entstünde, dass man keine Menschen um sich habe, sondern vielmehr dadurch, dass man die Dinge, die einem wichtig erscheinen, nicht mitteilen könne.

Einig ist man sich allein in der Schwere und Bedeutung der Einsamkeit für die menschliche Wahrnehmung. So schrieb der Philosoph Ernst Jünger über die Einsamkeit: „Welch kühner Gedanke, der dieses Leben in seiner unerhörten Einsamkeit erfand" (zit. nach: Waßner, Rainer 2015, S. 137).

Um nicht von der Wucht absoluter Einsamkeit gefährdet zu werden und zu verzweifeln, muss der Einzelne handeln: Der Mensch wird – notgedrungen – zu einem um sich wissenden, sich bestimmenden und sich selbstverantwortenden Subjekt. Dies führt zu einer Spirale der Selbstermächtigung, die eine Vielzahl „sozialer" Aktivitäten hervorruft. Es gilt also eigene Wichtigkeiten und Bedeutsamkeiten zu entwickeln, Gemeinschaften zu bilden. Das bedeutet: Der Wunsch nach Überwindung der Trennung von anderen lässt überwölbende Strukturen entstehen, die die Verlorenheit aufzuheben suchen – zumeist durch das Schaffen (fiktiver) Sicherheiten und (standardisierter) Orientierungen. Dieses Streben ist deshalb so allumfassend, weil das reale Leben de facto nicht auf Sicherheit basiert: Verlust und Veränderung sind allgegenwärtig, nur manchmal und zeitweise umfasst uns das Gefühl und die Illusion von Stabilität – von der Ehe über die Sozialversicherung, den Bausparvertrag, die Zutatenangabe auf einer Lebensmittelpackung, das Rückgaberecht, den Segelschein oder das Bürgerliche Gesetzbuch. In Realität lebt der Mensch in der permanenten Möglichkeit des Verlustes oder: Der Verlust ist immer nur eine Frage der Zeit. Verlust bedeutet im soziopsychologischen Sinne das Fehlen von Zugänglichkeit und irritationsfreier Resonanz.

Wie kann dieses Gefühl überwunden oder beruhigt werden? An sich, so die Haltung der modernen Philosophie von Heidegger über Camus bis Sloterdijk, gar nicht – stets agiert der Mensch im unbewussten Wissen dieser Verlorenheit. Der griechische Soziologe und spätere Ministerpräsident Griechenlands Panajotis Kanellopoulos schrieb 1935 über die Einsamkeit und die Sozialität folgende Anmerkung: „Jeder Mensch – selbst derjenige, der mit allergrößter Mühe sein Menschsein behaupten muß – trägt in seiner Brust etwas, das ‚absolut individuell' ist und ihn von anderen auszeichnet, etwas, das dem einsamen Walter Calé die traurige Macht verlieh, zu sagen: ‚und keine Brücke ist von Mensch zu Mensch'" (Kanellopoulos 1936, S. 228).

Die Gefangenschaft im Ich kann nie vollständig aufgehoben werden – selbst in den Momenten scheinbar absoluten emotionalen Gleichklangs. So formulierte der portugiesische Schriftsteller Fernando Pessoa: „Wir lieben niemanden, nie. Wir lieben allein die Vorstellung, die wir von jemanden haben. Unsere eigene Idee – uns selbst also – lieben wir" (Pessoa 2010, S. 142), aber sie ist zur Milderung fähig, wenn sich der Mensch anderen oder anderem hingibt.

3 Die Einsamkeit als schöpferische Kraft 43

Das Wort Liebe meint eben die größtmögliche Überwindung der Trennung durch Einfühlung.

In der modernen Welt ist die Möglichkeit des Einsamkeitsempfindens gesteigert, da die zeitgenössische Prämisse der Realisierung von Handlungsoptionen die umgreifende Flexibilisierung der Lebensführung verlangt: Die Karrieremöglichkeit in einer fremden Stadt, die Ausgliederung ehemalig familiärer Aktionsdomänen (u. a. Kinderziehung) oder die ständige Anpassung des eigenen beruflichen Know-hows geben uns das Gefühl, unser Leben zwar selbstbestimmt zu führen, gleichzeitig aber verhindert eben diese vermeintliche Selbstbestimmung die Ausbildung und Entwicklung stabiler und langanhaltender Verknüpfungen und Ankerpunkte, die Resonanz im Sinne eines „man kennt sich" hervorrufen.

Interessanterweise weist auch ein intellektueller Verfechter des Liberalismus auf die Bedeutsamkeit von fixierten Gemeinschaften hin. Ralf Dahrendorf schreibt: „Man kann kaum umhin, hier an die neuerdings gelegentlich zitierte dramatische Analyse im kommunistischen Manifest von Marx und Engels zu erinnern. Die Bourgeoisie hat ‚alle feudalen, patriarchalischen, idyllischen Verhältnisse zerstört. Sie hat die buntscheckigen Feudalbande, die den Menschen an seinen natürlichen Vorgesetzten knüpften, unbarmherzig zerrissen und kein anderes Band zwischen Mensch und Mensch übriggelassen, als die gefühllose ‚bare Zahlung', den cash nexus. Die Epoche zeichnet sich durch ‚die ununterbrochene Erschütterung aller gesellschaftlichen Zustände', durch ‚ewige Unsicherheit und Bewegung' aus. ‚Alle festen, eingerosteten Verhältnisse mit ihrem Gefolge von altehrwürdigen Vorstellungen und Anschauungen werden aufgelöst, alle neugebildeten veralten, ehe sie verknöchern können. Alles Ständische und Stehende verdampft, alles Heilige wird entweiht …'" (Dahrendorf 2007, S. 36–37).

Georg Simmel, einer der Gründerväter der deutschen Soziologie, fasste das Empfinden von Einsamkeit (noch vor Beginn der modernen Haltlosigkeit einer globalisierten Welt ebenso drastisch) wissenschaftlich gewendet zusammen: „Einmal in seiner tiefsten Persönlichkeitsschicht, von der ein jeder, unbeweisbar, aber unwiderleglich empfindet, daß er sie mit niemandem teilen und niemandem mitteilen kann, die qualitative Einsamkeit des persönlichen Lebens, deren Brückenlosigkeit in dem Maße der Selbstbesinnung fühlbar wird" (Simmel 1987, S. 223).

Wie geht der Mensch mit dieser Erkenntnis oder vielmehr mit dem diffusen und anscheinend in der Postmoderne zunehmenden Gefühl der Einsamkeit um? Die nachfolgenden Überlegungen können eine Spur zu einer existenziellen, aber nicht ohne Grund verdrängten Emotion legen, die für eine der wichtigsten Handlungsfelder des Menschen, der Ökonomie, bedingend ist.

Von der Person zum Individuum

Das Gefühl der Einsamkeit ist zivilisatorisch neuartig. Es steht in direktem Zusammenhang mit der Abkehr von transzendenten Heilsvorstellungen und der Neudefinition der Stellung des Menschen in der Moderne.

Das Wort „Einsamkeit" entsteht erst in der Zeit des Übergangs vom Mittelalter zur Neuzeit (aus dem Lateinischen „solitudo", d. h. Allein- und Verlassensein). Denn erst mit der Neuzeit beginnt die Vorstellung der

Individualität, als sich selbst bewusst werdender Prozess und lebensimmanente Zielsetzung des Menschen, relevant zu werden. In den Jahrhunderten zuvor gilt das Schicksal des Menschen als gottgegeben und nicht eigenständig bestimmbar. Die Vorstellung „Handelnder in seiner eigenen Existenz zu sein" ist zu diesem Zeitpunkt noch unbekannt. Im Gegensatz zum Individuum steht stattdessen die „Person" im Mittelpunkt des Denkens. Person bedeutet eben nicht „Sich-selbst-sein", sondern vor allem „sich selbst über Gott hinauswachsend" verstehend, einen überindividuellen Bezug herstellend, was in den Motiven der allein auf christliche Motive fokussierenden Kunst und dem Fehlen jeglicher „individueller Bezüge", beispielsweise einer Signatur, deutlich wird.

Die in der Geschichtswissenschaft als „Kopernikanische Wende" bezeichnete Veränderung der Gott-Mensch-Perspektive hatte fundamentale Auswirkungen auf das Selbstbild des Menschen: Wenn nämlich Gott nicht mehr im Zentrum des Weltgeschehens steht und sich in die Unendlichkeit entzieht, dann realisiert der Mensch seine absolute und vollständige Einsamkeit – mit dramatischen Konsequenzen für seine eigenständige Sinnsuche. Neben gemeinschaftlichen Strukturen erhalten selbstbestimmte, rational-zielsetzende, also gesellschaftliche Motivationen zunehmend Bedeutung.

Die Vorstellung der Gemeinschaft als Stabilitätsanker ist ein Schlüsselbegriff, um Einsamkeit als psychologischen Zustand zu verstehen. Gemeinschaftsmitglieder sind untereinander nicht einsam, denn …

- einsam ist nur der, der einen Zustand kennt, in welchem der Zugang zum anderen möglich war;
- einsam ist nur der, der zuvor eine Gemeinschaft hatte – sowohl individualpsychologisch als auch kollektiv;
- einsam ist, wer zuvor Teil einer Gemeinschaft war.

Nicht zu wenige, sondern zu viele Bindungsmöglichkeiten schaffen Einsamkeit

Die Besonderheit der Postmoderne ist nicht nur eine Bindungslosigkeit, sondern gleichzeitig eine unüberschaubare Menge an (kurz- oder langfristigen) Fixierungs-Optionen: Vor gar nicht langer Zeit gab es in der westlich geprägten Kultur einen Gott, eine Kirche, einen Glauben. Heutzutage haben die Menschen die Möglichkeit, Anhänger fast jeder Religion zu werden, vielleicht sogar Schamane oder Atheist. Zuvor wählten die Menschen zwischen Rollbraten und Gänsekeule, heute werden Teriyaki, Chicken Masala und Jam-Wurzeln mit in die Entscheidungsfindung einbezogen. Alle Bereiche des menschlichen Lebens sind relativ und vor diesem Hintergrund auch gleich orientierend und deshalb desorientierend. Das Ergebnis ist fatal: Die Postmoderne bietet aufgrund der unüberschaubaren Menge an Angeboten keine festen Strukturen und Fixierungen an: In der Regel kann jetzt alles und jedes Zentrum sein. Der Philosoph Peter Sloterdijk formuliert deshalb: „Wo alles Zentrum geworden ist, gibt es kein gültiges Zentrum mehr; wo alles sendet, verliert sich der vermeintlich zentrale Absender im Gewirr der Botschaften. Wir sehen, wie und warum das Zeitalter des einen, größten, allumschließenden Einheits-Kreises und seine gebeugten Exegeten unwiederbringlich abgelaufen ist. Das morphologische Leitbild der polysphärischen Welt, die wir bewohnen, ist nicht länger die Kugel, sondern der Schaum. Die aktuelle erdumspannende Vernetzung – mit all ihren Ausstülpungen ins Virtuelle – bedeutet daher strukturell nicht so sehr eine Globalisierung, sondern eine Verschäumung. In Schaum-Welten werden die einzelnen Blasen nicht, wie im metaphysischen Weltgedanken, in eine einzige, integrierende Hyper-Kugel hineingenommen, sondern zu unregelmäßigen Bergen zusammengezogen" (Sloterdijk 1998, S. 72).

Bündnisformen im Markt: Gemeinschaft und Gesellschaft
Einsamkeit und Zugehörigkeit sind die individualpsychologischen Äquivalente einer Differenzierung der Welt in idealtypische Zustände der Verbundenheit, die Menschen miteinander eingehen können. Der Sozialwissenschaftler und Ökonom Ferdinand Tönnies hat diesen Zusammenhang als erster wissenschaftlich in seinem Buch „Gemeinschaft und Gesellschaft" zum Ende des 19. Jahrhunderts beschrieben. Dabei geht er von unterschiedlichen sozialen Verbundenheiten aus, die Menschen mit anderen Menschen oder aber mit Dingen eingehen – seine Theorielegung ist bis heute wirksam, weil er von unveränderlichen menschlichen Dispositionen ausgeht. Tönnies differenziert in Hinblick auf „das Soziale" zwischen Gemeinschaft und Gesellschaft. Die Verbindung von Gefühlswelten und sozialen Strukturen ist für das Verständnis der schöpferischen Kraft der Einsamkeit überraschend eingängig.

So ist das Leben in Gemeinschaft von gemeinsamen Überzeugungen, ungeschriebenen Regeln und Vertrautheit geformt. Vieles ist, weil es schon war. Die Gesellschaft dagegen charakterisiert eine Zweckorientierung, die sich veränderten Gegebenheiten flexibel anpasst und ihre Mitglieder je nach Ziel frei wählen lässt: Vieles ist, weil es sein soll.

Während die Gemeinschaft sinnbildlich auf dem Handschlag beruht, ist das Bindungsmedium in der Gesellschaft der Vertrag. Klar formuliert: Die Differenzierung von Gemeinschaft und Gesellschaft ist mehr als eine historische Charakterisierung, sondern bezeichnet die Art und Weise, wie uns Bündnisse oder Gruppen begegnen. Genossenschaften sind z. B. gemeinschaftlich orientierte Bündnisse, während eine Aktiengesellschaft allein den kurzfristigen Zweck in den Mittelpunkt rückt.

Eine nähere Betrachtung und Definition scheint nachfolgend ratsam.

Gemeinschaft

In Gemeinschaft werden wir unausweichlich hineingeboren – die Tatsache, ob wir in Berlin, Boston oder Buenos Aires zu Welt kommen, wird unsere Muttersprache, unsere kulturellen Gepflogenheiten und unsere Sicht auf die Welt prägen. Gemeinschaften kennzeichnet eine starke Verbindung durch eine ähnliche Sozialisation und kollektive Erinnerungen. Die Gemeinschaft ist ein aus Vergangenem hervorgegangenes „Schicksalsnetzwerk", dessen Spuren unsere Entscheidungen (unbewusst) leiten – indem wir wie gewohnt handeln. Wie etwas zu sein hat, bedingt das Zusammenleben, obwohl die Inhalte meist nirgendwo schriftlich dokumentiert sind. Deshalb macht die Gemeinschaft in hohem Maße unfrei. Nicht wir sprechen „italienisch", sondern das „Italienische" spricht aus uns.

Nur weil wir uns der Grammatik und der Phonetik einer Sprache unterwerfen, sind wir in der Lage, zu kommunizieren. Der Linguist Guy Deutscher hält fest: „Die Sprache hat zwei Leben: In ihrer öffentlichen Rolle ist sie ein System von Konventionen, auf das sich eine Sprachgemeinschaft zum Zweck der effektiven Kommunikation geeinigt hat. Die Sprache hat aber noch eine andere, private Existenz als ein System von Wissen, das jedem einzelnen Sprecher als wirksames Kommunikationsmittel dienen soll, dann muss das private Wissenssystem in den Köpfen der Sprecher ziemlich genau dem öffentlichen System der sprachlichen Konventionen entsprechen" (Deutscher 2013, S. 266). Der Ethnologe Marc Augé zeichnet ein generelles Bild von Gemeinschaften, insofern er schreibt: „Niemals zuvor wurde die individuelle Geschichte in solchem Maße von der kollektiven Geschichte beeinflusst, aber auch niemals zuvor waren die Orientierungsmarken für die kollektive Identifikation ähnlich fließend wie heute. Die individuelle Sinnproduktion ist daher so notwendig wie noch nie" (Augé 2010, S. 44–45).

Gemeinschaften sind aufgrund ihrer gleichsam organischen Verbundenheit extrem stabil – so ist eine Familiengemeinschaft beständiger als beispielsweise die Beziehung zu einem Unternehmen in dem man arbeitet. Das Sprichwort: „In der Familie werden Konflikte nicht gelöst, sondern nur begraben" macht diese Stabilität eingängig. Die Gründe liegen darin, dass idealtypisch die Vertrautheit des Miteinanders in einer Gemeinschaft Vertrauen bedingt. Die Mitgliedschaft zu einer Familie kann man nicht kündigen, selbst wenn man sich von ihr lossagt. Wenn es hart auf hart kommt, steht man wieder zusammen.

Der Soziöökonom Deichsel schreibt dementsprechend: „Gemeinschaft ist manchmal qualvoll, lästig-lustvoll, aber auf einmalige Art sichernd" (Deichsel 2006, S. 57). In ihr wirkt eine soziale Kraft, die als Sitte bezeichnet wird. In sie wächst der Mensch unweigerlich hinein. Denn: Was natürlich ist, ist das, womit wir vertraut sind.

Gesellschaft
Die Mitglieder von Gesellschaften wollen gemeinsam bestimmte Zielsetzungen realisieren. Ist dies geschehen, löst sich der Zusammenschluss wieder auf. Das Individuum hat die Möglichkeit, seine Ziele frei zu bestimmen und handelt autonom. In Gesellschaften wird grundsätzlich nach rationalen Beweggründen entschieden, allgemeingültige Regeln sind formuliert. Alle Entscheidungen beruhen auf eigenen, individuellen Beschlüssen und Abmachungen. Der Vertrag ist das entscheidende Werkzeug gesellschaftlicher Vorgänge.

Eine gesellschaftliche Verbindung besteht bei aller Einheit der sie Bildenden immer aus getrennten Subjekten. Die Menschen haben sich vertraglich verbunden, bleiben aber genau deshalb auch getrennt. Verträge schließen in der Regel nur Fremde, die genau wissen, was sie erreichen wollen. Durch die Zweckhaftigkeit der Beziehung ist diese im eingeführten Sinne hoch rational: Genau festgelegte Funktionen führen zur Verbindung, und die Verpflichtung ist nur in dieser Hinsicht relevant. Das „gemeinsame Ziel" stützt sich auf jene vereinbarten Punkte, die Vertragsinhalt sind. Deshalb ist eine gesellschaftliche Beziehung durch den Grundsatz charakterisiert: Ich bin mir Zweck, alles andere ist, alle anderen sind mir Mittel.

In dieser Verbundenheit herrscht ausgeprägte Flexibilität, die strukturell kontinuierlich nach Veränderung, wenn möglich Optimierung strebt: Hinter-sich-Lassen ist angesagt, Neues soll entstehen. Das auf diese Weise eher kurzfristige Zusammenwirken lebt von Einfällen und schafft ein konstruiertes Sozial-Aggregat. Damit wirkt die Gesellschaft als Gegenpol zur Gemeinschaft, welche die Freiheit des Einzelnen reduziert und ihn mittels Normen in ihr bewährt-sicheres soziales Gefüge einbindet.

In der Lebensrealität kommen die beiden Sozialitätsformen nie absolut vor: Jede gemeinschaftliche Beziehung enthält auch gesellschaftliche Elemente und Dynamiken – und umgekehrt. Allerdings lassen sich Tendenzen und vorherrschende Strömungen erkennen, die eine übergreifende Kategorisierung erlauben.

Einsamkeit als gemeinschaftlicher und gesellschaftlicher Sinnstifter

Rückgreifend auf die Vorstellungen und Beschreibungen von Einsamkeit lässt sich der individualpsychologische Zustand der Einsamkeit wissenschaftlich-strukturell beschreiben: Kanellopoulos weist darauf hin, dass die idealtypische Gemeinschaft „Einsamkeit" nicht kennt: „Wer etwa in primitiven Zuständen und ohne eigenes Selbstbewusstsein aus seiner Gemeinschaft ausgestoßen wird, lebt in dieser Gemeinschaft innerlich fort oder hat ein dunkles Verzweiflungsbewusstsein des Nichtseins; er ist weder in der Geborgenheit noch im Ausgeschlossensein einsam, weil er nicht ein Ich für sich selbst ist" (Kanellopoulos 1936, S. 231). In dieser Logik wird klar, dass die Einsamkeit erst entstehen kann, wenn ein klares Bewusstsein eines eigenständigen und autonomen Individuums besteht, also – kollektiv betrachtet – ein gesellschaftlicher Sozialtypus vorliegt, der wiederum die zugrunde liegende Autonomie des Menschen als willentlichen Menschen befördert. Kanellopoulos schreibt: „Die ‚Gesellschaft' […] setzt ein künstliches Individuum voraus, das nicht aus eigenen Quellen schöpft, sondern von außen her […] entlehnt wird" (Kanellopoulos 1936, S. 231–232).

Was folgt daraus? Einsamkeit ist nur dann einsam, wenn sie gleichzeitig mit der Vorstellung einer „idealisierten" Verbindung zu einem Menschen oder zu einer Gruppe verknüpft ist. Bei einem sich einsam fühlenden Mensch muss eine Erinnerung bzw. Ahnung an Idealzustände bestehen. Erst diese bilden das „emotionale Koordinatensystem", um überhaupt etwas zu vermissen.

Auf dieser Basis gibt es einem soziologischen Verständnis nach zwei Ursachen für das Einsamkeitsgefühl:

a) Einsamkeit durch Trennung

Die explizite Außenorientierung ist Ursprung für Einsamkeit, denn die individuelle Realisierung des Außen, einer Differenz zu seinem eigenen Wesen führt zum Gefühl deprimierender Einsamkeit. Der einzelne Mensch „entfremdet" sich von sich selbst, indem ihm (bewusst/unbewusst) deutlich wird, dass er von seiner Gemeinschaft getrennt ist und niemals mehr die übergreifende Heimat in seiner Gemeinschaft findet. Hat der Mensch erst einmal das „Zauberschloss Gemeinschaft" verlassen, ist sich also seiner selbst bewusst geworden, so sind die Pforten für eine Rückkehr geschlossen.

3 Die Einsamkeit als schöpferische Kraft

Diese Form der Einsamkeit entsteht ausschließlich über gesellschaftliches Wirken, das aufgrund seiner Künstlichkeit und gedanklichen Konstruktion niemals ausfüllend sein kann. Sobald wir uns des Fehlens von Gemeinschaft bewusst werden, ist sie bereits nicht mehr in ihrer reinen Form präsent: „Der Gemeinschaft gegenüber kann man nur einsam sein. Sowie man sie mit Bewußtsein erfaßt, ist man einsam; und man kann sie mit Bewußtsein erfassen nur, nachdem man durch die ‚Gesellschaft' zum ichbewußten Wesen wurde" (Kanellopoulos 1936, S. 235).

b) Einsamkeit durch Vergleich

Die freie gesellschaftliche Zielorientierung mit seinem implizierten „Alles ist möglich" kann den Einzelnen permanent frustrieren, denn dieser Parole folgend wird es stets jemanden geben, der die Möglichkeiten, die gesellschaftliche Strukturen bieten, optimaler und gewinnbringender ergreift: „Man leidet unter dem Gefühl, daß man es nicht so weit bringen kann wie andere. Der in diesem Sinne Einsame fühlt sich allerdings dadurch einsam, daß er sein künstlich aufgestelltes Sein (sein ‚gesellschaftliches' Sein) zu spüren bekommt […]" (Kanellopoulos 1936, S. 232).

Ein dritter Aspekt besteht, der zwar wirkmächtig den Alltag bestimmt: die Trennung durch die Zeit. Aus der Antike ist uns die Differenzierung in eine chronologische und eine kairotische Zeit bekannt. Die chronologische Zeit beschreibt die messbare, metrische Zeit. Daneben besteht allerdings auch die kairotische, d. h. eine „gefühlte" Zeit. So sagen Menschen zueinander: „Der Abend war so schön, die Zeit ist wie im Flug vergangen…" Diese Aussage beschreibt das Wesen einer kairotischen Zeitmessung. Indem wir die Zeit mit konkreten Erlebnissen erleben, ergibt sich ein subjektives Empfinden. Diese Beobachtung weist darauf hin, dass Erlebnisse auf Resonanz in uns stoßen und bestimmte Empfindungen freisetzen: Das Momentum ist das richtige! Eben dieses Momentum ist nicht beherrschbar, es entzieht sich oftmals unserer Entscheidungsgewalt. Es verlangt den Gleichklang zwischen zwei Individuen, die zu einem bestimmten Zeitpunkt ähnlich empfinden ... oder nicht. Die Harmoniefähigkeit der Empfindungen ist dynamisch, sie ist nicht absolut prognostizierbar. So kann ein erstes Treffen mit einen Menschen die tiefsten Gefühle hervorrufen, weil unter Umständen unsere Emotionen von Ähnlichem geprägt sind, und kurze Zeit später ein erneutes Treffen der gleichen Menschen zu Missverständnissen und Irritationen führen. Ein Zurück zum ersten Treffen ist nicht möglich, ein Zurück zu einer erwünschten Gefühlswelt ist nicht möglich. Die Zeit entzieht sich im Momentum, in ihrer Kairotik, unserem Wunsch nach gemeinsamem Erleben. Absolut unüberwindbar ist die Zeit mit dem Tod – nun kann das Gefühlte, Erlebte und Empfundene nicht mehr nachgeholt werden. Die Erinnerung bleibt als Verdeutlichung des Gleichklangs und des gemeinsam Erlebten. Zeit ist die unüberwindbare, die absolute Quelle der Einsamkeit.

Das soziopsychologische Ergebnis der Einsamkeit

In unterschiedlichen Anteilsverhältnissen ist der moderne Mensch in den beiden Sphären des Sozialen (Gemeinschaft oder Gesellschaft) beheimatet. In der Folge ist die Einsamkeit ein ständiger „Grundton" menschlicher Existenz.

3 Die Einsamkeit als schöpferische Kraft 55

Weil wir das Leben immer zunächst als gemeinschaftliche Interaktion kennenlernen, besteht eine elementare Sehnsucht der „Rückkehr" in diese sichere, überschaubare und im wahrsten Sinne des Wortes „gedankenverlorene" Sphäre. Dieser individualpsychologische Hintergrund erklärt die vielen unterschiedlichen Versuche, gemeinschaftliche Strukturen zu entwickeln und zu stärken: Eine Ehe kann der Ausdruck einer Illusion größter Harmonie sein, individueller Liebe, ist soziopsychologisch allerdings zunächst nichts anderes als ein Mittel, um die eigenempfundene Trennung von der ursprünglichen Gemeinschaft zu überwinden ... ein Versuch, der immer und immer wieder zum Scheitern verurteilt ist.

Einsamkeit und Individualität sind jeweils ohne den anderen undenkbar, sie sind untrennbar miteinander verbunden, Träger unseres Selbstverständnisses und Initiator der entscheidenden Lebensdynamik.

Einsamkeit ist ein Bestandteil des menschlichen Lebens – ein Leben ohne das Gefühl der Einsamkeit ist nicht möglich, denn die Bedingung für Einsamkeit ist die Realisierung der Trennung zwischen dem Ich und der Außenwelt. Leben bedeutet immer leben „in" etwas, was nicht wir selbst sind. Indem diese Trennung besteht, nehmen wir unsere Existenz erst wahr. Diese Trennung ist traumatisch und schöpferisch zugleich, es ist die Herausforderung der Freiheit, die uns gleichzeitig in den „freien Fall" der Bindungslosigkeit versetzt. Gleichzeitig bedingt diese existenzielle „Furcht" die eigentliche Kraft, um als Mensch seine Verankerung in und trotz Haltlosigkeit (selbstbestimmt) voranzutreiben: Nur der Einzelne kann „den Fall" aufhalten, indem er selbst Anstrengungen aufnimmt und Ideen entwickelt, wie er seine Position in der Welt findet und festigt. Diese gedankliche Konsolidierung findet nicht durch die Fokussierung auf sich selbst, sondern allein durch Konzentration auf andere Menschen und Organisationen (z. B. Gruppen, die sich unter einer Idee zusammenfinden) statt. Bindung ist demnach ein Resultat von An-bindung, d. h. die Fixierung an einen anderen (sozialen) Kristallisationskern.

Als soziale Wesen nehmen wir Bezug zu anderen Menschen und bilden mit ihnen gemeinsam größere (Völker) und kleinere Gruppen (Ehe, Freundschaften), die uns Halt und Orientierung vermitteln. Dabei beruht die Vorstellung von Halt meist auf der Prognostizierbarkeit des Verhaltens und der Abläufe: Indem ich mich mit einem anderen Menschen verbünde und ihn kennenlerne, wird sein Verhalten abseh- und berechenbar. Soziales, d. h. aufeinander bezogenes, unterstützendes Handeln impliziert Vertrauen – in höchst unterschiedlichen Intensitätsgraden, je nachdem ob wir in ein Taxi einsteigen oder ein Eheversprechen abgeben.

Die Dinge als Fixsterne in einer haltlosen Existenz
In dieser Konstellation nehmen die Dinge als Waren und Dienstleistungen eine herausragende Stellung als individualisierte Fixierungselemente ein. Denn im Gegensatz zu organischen Lebewesen ist das Bündnis mit ihnen unmittelbar möglich: Es genügt der Kauf eines teuren Autos, schon können wir die Attribute „Erfolg", „Stilbewusstsein" und „Charakter" für uns einnehmen (Menschen sind viel vielschichtiger und langwieriger einzuordnen) und Teil einer Gruppe sein, die die besonderen

Merkmale des Herstellers wahrnimmt, anerkennt und vielleicht sogar schätzt. Denn in den seltensten Fällen haben die Dinge keine Geschichte – jede Ware, jede Dienstleitung führt mit ihrer Existenz eine Charakteristik, eine Typik, eine Mitteilung mit sich.

Jede starke Marke ist ein Bekenntnis, eine klare Aussage in einem bestimmten Punkt des Universums, die klar macht: Dieses kleine oder große Produkt interpretiert den Weltenlauf in einer ganz einmaligen Weise – ansonsten wäre es nicht erkennbar. Marken müssen ihre Differenz durchsetzen und verdeutlichen, damit sie im Einerlei der Welt herausragen. Bekenntnis ist nur zu etwas möglich, was bekannt ist. Bekenntnis ist nie abstrakt, sondern immer konkret. Gerade weil wir in Zeiten leben, in denen alles *gleich* sein soll, bilden die wahrnehmbaren Ausprägungen ökonomischen Handelns – die Marken – die Möglichkeit, Moral als Vorstellung vom Eigenen und als entscheidende wesensprägende Form menschlichen Sozialbewusstseins sozial friedlich zu leben: Als duschdas-, Fa- oder WELEDA-Kunde vertreten wir die Moral unserer Truppe und bekennen uns zu ihr.

Der Botschaftscharakter der Ware bietet sich als Orientierungsgeber an, indem er uns anzieht oder gerade deshalb abstößt. Weil uns die Dinge als „Persönlichkeitsentwickler" zur Verfügung stehen, erkennen wir Verbündete und Menschen, die uns nahe oder eben sehr fern sind. Als Menschen haben wir ein untrügliches und nonverbales Verständnis dafür, wer dazu gehört und wer nicht: Türsteher in angesagten Clubs versehen diesen Job jedes Wochenende. Über und mit den Dingen werden Signale in unsere Umwelt gesendet und machen uns erkennbar für andere. Die Wahl unseres Wohnortes, die Produkte in unserem Kühlschrank, die Art unserer Garderobe, unseres Autos oder Fahrrades … alles geeignet, um ein Bild zu ergeben oder auch willentlich zu erzeugen.

Gleichzeitig lassen uns die Waren an ihren Interpretationen der Welt teilhaben. Der Mensch wird nicht in die unmögliche Aufgabe versetzt, die Welt und seine Stellung immer wieder neu zu erfinden – vielmehr ergreift er aus der Vielzahl der Möglichkeiten seine Wahl und nutzt sie zur Entwicklung seiner Stellung in der Welt. Vielleicht gäbe es noch nicht einmal ein „Ich" ohne die Marken der modernen Welt. Gerade weil der moderne Mensch in verschiedenen Lebenszyklen unterschiedliche Konzepte seines Seins durchlebt (mit 18 Jahren Punk und Dosenbiertrinker, mit 25 Investmentbanker und Kraftsportler, mit 35 engagierter Vater in Erziehungszeit mit Interesse an Tai-Chi, mit 45 Abteilungsleiter mit Übergewicht …), bietet die moderne Warenwelt höchst differenzierte und vielfältige Möglichkeiten der adäquaten Neu-Definition seiner selbst über die Zeit. In Gegensatz zu den tradierten Botschaftsträgern der Vergangenheit (Religion, Volk oder Schichtzugehörigkeit) ist der Rollentausch schnell und unmittelbar.

Ökonomisch relevant ist daher der Botschaftscharakter der Ware, denn erst durch dieses Talent befriedigen wirtschaftliche Prozesse existenzielle Bedürfnisse des Menschen und erklärt sich ihre transhistorische und transkulturelle Bedeutung.

4

Individualität als schöpferische Kraft

Jeder ist der Andere und Keiner er selbst.
Martin Heidegger

Als Akteure der vom Display des Smartphones dunkelblau schimmernden Welt der Postmoderne rücken wir unser Ich permanent und bereits in jungen Jahren in Szene. Von der herausragenden Namenswahl für das Kind, dem persönlich abgestimmten Allergikeressen, dem Baum mit der alten Apfelsorte im Garten über den Siegeszug des Buffets, das individualisierte Rührei mit Schinken oder Pilzen oder Schnittlauch, die selbst zu gestaltenden Sneakers bis hin zur „ganz besonderen" Hochzeit, dem selbst geschriebenen Buch oder eigenständig getischlerten Schreibtisch – unser „Alter Ego" positioniert sich einmalig, originell und beispiellos in der digital aufgepimpten Welt-Arena der Selbstverwirklichung.

In einem atemlosen Egogewitter „machen wir das Beste" aus dem, was man Leben nennt. Unser Tun ist – ohne dass wir es forcieren – darauf ausgelegt, Spuren zu hinterlassen und wenn auch nur im Sand des Paradise Island-Freizeitparks vor den Toren Berlins. Allerdings: Das Leben mit Tempo in der Jetztzeit versetzt uns in Kalamitäten. Es steht in direktem Bezug zum Verlust mit der über Jahrhunderte gepflegten Vorstellung einer Existenz, die erst nach dem irdischen Leben beginnen sollte – dem Himmelreich. Über Epochen glaubten Menschen, dass das Dasein auf der Erde nur eine Zwischenstation auf dem Weg zu Gott war und maßen dem weltlichen Tun eine wichtige, aber nicht die entscheidende Rolle zu. Schließlich war das irdische Dasein endlich, während die transzendenten Wohn-Coworkingbereiche Gottes mit der Ewigkeit auf Loungeniveau hantierten – ein hipper Soho-Club, der nie aufhört.

In einer Welt, in der der moderne Mensch bei jedem Kurzstreckenflug zwischen Hamburg und Frankfurt schmerzlich realisieren muss, dass über den Wolken kein Appartement mit Ewigkeitsgarantie bereitsteht, muss in der Lebensspanne von (wenn alles gut läuft) 70 oder 80 Jahren die Zeit möglichst effektiv, bereichernd und selbstbestimmt genutzt werden. Die Anreicherung der Lebenszeit mit möglichst vielen Aktivitäten und Erlebnissen, also den Entwicklungs-Einheiten unseres Ichs, ist die Daseinsraison unserer Epoche.

Die permanente Entwertung
Der Soziologe Hartmut Rosa macht in seinen Überlegungen zur „Beschleunigung" klar, dass ein entscheidender Imperativ des modernen Weltgefühls sei, die Zeit so intensiv wie möglich zu nutzen. Diese „Grunderfahrung der Moderne" präge eine umfassende und sich ständig ausweitende Rast- und Ruhelosigkeit – die ständige Angst, etwas zu verpassen, sodass das „gute Leben" an einem vorbeizieht. Gerade aus diesem Grund ist das kollektive Suchtpotenzial des Smartphones erklärbar: So ist es nichts Ungewöhnliches, wenn in einem Restaurant oder in einer Bar eine Gruppe von Menschen, obwohl man zusammen den Abend verbringt – unvermittelt und jeder für sich in sein Smartphone blickt. Obwohl wir bereits mit anderen zusammen sind, suchen wir mit dem Gerät, dass unsere Aktivitäten de facto bis in den letzten Zipfel der Welt ausbreitet, nach Alternativen, die uns noch mehr an Neuem, Aufregendem und Unbekanntem versprechen. Das Leben wird durch ein Smartphone zur emotionalen Intensivstation: „Noch in der mechanischen Wiederholung bleibt aber ein Fünkchen einer – wie wir wissen trügerischen – Hoffnung bestehen, dass uns ein weiterer Klick oder Touch aus der überwältigenden Monotonie erlösen könnte. […] Eine der Attraktionen gängiger Produkte oder Systeme ist heute ihre Betriebsgeschwindigkeit – beim Laden oder Verbinden darf es keine Wartezeit geben" (Crary 2014, S. 75).

Die Technik ist generell ein Mittel, um uns in einem begrenzten Zeitkontingent mehr Möglichkeiten der simultanen Tätigkeit zu bieten: So können wir heutzutage Wäsche waschen, telefonieren, Fernsehen schauen und gleichzeitig noch im Internet surfen. Helfende Maschinen begleiten uns im profanen Alltag. Dennoch haben wir das diffuse Gefühl, immer weniger Zeit zu haben. Freie Zeit vergeht in der Moderne äußerst ungern „sinnlos", sondern wird sofort wieder eingesetzt, um die Handlungsoptionen zu vergrößern (beispielsweise Kinder schaukeln und die E-Mails auf dem Smartphone checken) – Multitasking ist als Begrifflichkeit mit der zunehmenden Technisierung der Alltagswelt entstanden, beschreibt aber im Kern eine geistige Disposition: Alles muss eingesetzt werden, damit es einen „Output" hat. Diese Form der Gleichzeitigkeit bedingt ein Denken, welches essenziell für ein kapitalistisches Warenwirtschaftssystem ist: Die technisch gesteuerte Erhöhung der Produktionsgeschwindigkeit macht nur dann Sinn (und ist betriebswirtschaftlich abbildbar), sofern gleichzeitig die Steigerung der Distributions- und vor allem Konsumgeschwindigkeit erreicht wird.

Karl Marx hat ausgeführt, dass die Moderne in Hinblick auf Warenwerte kennzeichne, dass der physische Verschleiß durch den moralischen Verschleiß ersetzt wird: Smartphones werden heutzutage in den seltensten Fällen ausgetauscht, weil sie nicht mehr funktionieren, sondern weil sie nicht mehr das neueste Modell sind – das Unternehmen Apple lebt von Produktzyklen, die nicht länger als zwei Jahre sind. Die Aufgabe der Werbung ist es, diesen moralischen Verschleiß durch die Präsentation neuer Produkte zu forcieren – idealtypisch muss ein neu gekauftes Produkt so schnell als möglich nach dem Kauf dem Käufer schon veraltet erscheinen. Die Betonung vermeintlich höchst wichtiger „Optimierungen" rekurriert auf längst vergangene Zeiten, als Produkt-Verbesserungen tatsächlich noch einen essenziellen Nutzen hatten und nicht nur „Features" vermittelten.

Jonathan Crary verdeutlicht die fundamentale Auswirkung auf die Psyche eingängig: „Der unerbittliche Rhythmus des Technikkonsums, wie er sich in den letzten zwei oder drei Jahrzehnten entwickelt hat, lässt keine längeren Zeiträume zu, in denen der Umgang mit einem einzelnen oder kombinierten Produkt so vertraut werden könnte, dass er zu einem bloßen Hintergrundelement des persönlichen Lebens wird. Anwendungsmöglichkeiten und Leistungsmerkmale werden vorrangig gegenüber allen denkbaren ‚Inhalten'. Das Gerät wird zum Selbstzweck, statt Mittel zu allgemeinerem Nutzen zu sein. […] Die kurze Lebensdauer des Gerätes oder der Anlage fördert nicht nur das Vergnügen und das Prestige, das sich mit seinem Besitz verbindet, sondern auch das Bewusstsein, dass der betreffende Gegenstand von vornherein behaftet ist mit Vergänglichkeit und Veralterung. Frühere Veralterungszyklen waren zumindest so lang, dass die einvernehmliche Illusion des halbwegs Beständigen für eine gewisse Zeit andauern konnte. Heute lässt die Kürze des Zeitraums, innerhalb dessen ein High-Tech-Produkt buchstäblich zu Schrott wird, zwei gegensätzliche Haltungen nebeneinander bestehen: einerseits das ursprüngliche Bedürfnis und Verlangen nach dem Produkt, andererseits die affirmative Identifizierung mit dem unvermeidlichen Prozess des Ausrangierens und Ersetzens" (Crary 2014, S. 42–43).

Veränderung und Unruhe sind spätestens seit dem 19. Jahrhundert Imperative der Lebenswirklichkeit geworden. Selbst unsere Auszeiten (ob Wochenende oder Sabbatjahr) haben heutzutage nicht die Aufgabe, uns zum Müßiggang einzuladen, sondern sollen helfen, Perspektiven zu ändern, Raum zu schaffen, um neue Projekte anzugehen bzw. uns für kommende Aufgaben zu regenerieren.

Weil alles gleich ist, sucht der Mensch nach Differenzierung
Die moderne Welt charakterisiert eine übergreifende Standardisierung der Lebenswelt: Arbeitsverhältnisse sind detailreich geregelt, Baugrundstücke auf den Quadratzentimeter vermessen und sogar deren Gestaltung festgelegt, Speisen dürfen nicht „einfach so" verkauft werden, sondern unterliegen klaren Bestimmungen – unsere (westliche) Welt kennzeichnet, dass so gut wie kein Bereich „zufällig" oder „undefiniert" ist. Das Spielfeld für Individualismen ist äußerst eingegrenzt. Und gerade deshalb scheint der Wunsch, seine Individualität zu manifestieren, umso stärker. Ein jeder ist besonders und verdient als solches wahrgenommen zu werden – von Kindesbeinen an.

Der Wille zur eigenen „Wichtigkeit" steht in direktem Verhältnis zu einer real abnehmenden Bedeutung. George Steiner argumentiert unerbittlich: „Betrachten Sie jedoch folgendes Paradox. Dieser unzugängliche Kern unserer Einzigartigkeit, dieses innerste, privateste, verschlossenste aller Besitztümer ist zugleich ein milliardenfacher Gemeinplatz. Auch wenn sie, gesagt oder ungesagt, ihren Ausdruck in unterschiedlichsten lexikalischen, grammatikalischen oder semantischen Formen finden, sind unsere Gedanken in überwältigendem Ausmaß universell, ein menschliches Gemeingut. Sie sind gedacht worden, werden gerade gedacht, werden millionen- und abermillionenmal von anderen gedacht werden. Sie sind unendlich banal und abgenutzt. Gebrauchte Güter. [...] Sie mobilisieren, am hervorstechendsten in einem Zeitalter der Massenmedien und beschränkter Schreib- und Lesekenntnis, identische Wörter und Bilder. Unsere ausrangierten, vorgeführten Ekstasen, unsere Tabuszenarien, die allgemein gebilligte Rhetorik unserer Sentimentalität sind zeitgleich dieselben bei zahllosen anderen Männern und Frauen. Es sind Massenprodukte, etikettiert mit den endlos sich wiederholenden Allgemeinplätzen unserer Sprache, unserer Kultur, unserer Zeit und Umgebung [...]" (Steiner 2006, S. 35, 37).

Die Individualität durch Waren
Es scheint als sei das unterschiedlich ausgeprägte Bewusstsein über die vergängliche Nichtigkeit geradezu der Motor für eine immer stärkere Fokussierung auf das „Ich im Jetzt". Denn heutzutage werden Standards und „Produkte von der Stange" vermieden – zumindest muss ein Unternehmen den Eindruck reduzieren, als Massenhersteller wahrgenommen zu werden, obwohl oder gerade weil die allermeisten unserer täglich konsumierten Produkte nichts anderes sind ... unser übergreifender wirtschaftlicher Wohlstand beruht darauf.

Der marketingtheoretische Ausdruck der „mass customization" beschreibt eben diesen Versuch. Als Idealzustand gilt die Verpersönlichung des Angebotes, d. h. die Orientierung am individuellen Geschmack durch die Segregation des Sortiments oder die Verankerung individueller Gesten wie beispielsweise der Ansprache per Namen in der Business-Class einer Flugzeuglinie umgesetzt – es herrscht die Vermittlung der Illusion, aber nicht die (zeitintensive) Tiefe einer Beziehung. Gerade weil die Welt zunehmend definierte Standards für immer mehr Menschen bereithält, ist das herausgehoben-wertvolle (und an sich nicht käufliche) die Individualisierung.

Der Mensch will als einmalig wahrgenommen werden, denn seine Existenz ist auf das irdische Leben begrenzt. Der bisher bestehende Glaube, dass unser Tun und Handeln göttlich bewertet wird und uns für die Ewigkeit qualifiziert, scheint zumindest für viele Menschen fragwürdig. Umso mehr gilt es hic et nunc, voll und ganz, achtsam und sensibel das Leben zu leben. Dabei sind Produkte und Dienstleistungen die unmittelbarsten und effektivsten Mittel, um eben dieses Ziel zu erreichen.

Austausch, Aneignung des Produktcharakters zur Eigendefinition und Nutzungseffizienz der Zeit als nicht vermehrbare Ressource sind die entscheidenden Wirkungen der Ware auf die Kollektivpsyche unserer Zeit.[1] Durch die Belegung der Produkte mit bestimmten Wesensmerkmalen hat der Mensch die Möglichkeit, die gewünschten Attribute je nach Lebenssituation und Stimmung auf sich zu beziehen. Das Produkt verleiht dem Käufer seinen Status bzw. sein Image. Vor dem Hintergrund des beschriebenen „Optimierungsprimats des irdischen

---

[1]Diese Mittel bleiben, so würde Jean-Paul Sartre argumentieren, oberflächlich und leer. Vielmehr würde die Betonung der Individualität kraftvolle gemeinschaftliche Strukturen unterminieren: Eine hochkomplexe, aber dennoch standardisierte Alltagswelt mit vorgegebenen Mustern, Verhaltensweisen und Produkten, die zwar Optionen suggerieren würden, aber doch nur auf vorgegebene Muster hinauslaufen. Das Bewusstsein dieser Ohnmacht wird beim Einzelnen als Gefühl von Bindungslosigkeit und Einsamkeit wirksam.

Lebens" hat die Ware eine herausragende Bedeutung. Ihre inhaltlich extrem angereicherte Form findet sich in der Marke. Starke Marken sind Erinnerungsanker, Identitätsstifter und im besten Fall eine greifbare Heimat in einer Zeit, in der nichts mehr wirklich Bestand zu haben scheint – in der nahezu alles flüchtig und vorübergehend ist. Adidas, Jacobs Krönung und dm sind wahrscheinlich heute stabilere Persönlichkeitsmerkmale als die Parteienpräferenz, der Wohnsitz oder meist der Ehepartner.

Der unaufhaltsame globale Aufstieg der Markenware lässt sich soziologisch unter anderem dadurch erklären, dass durch das Wegbrechen tradierter Kultursysteme das markierte Produkt deren Aufgabe übernimmt. Die Anthropologen Ryan Mathews und Watts Wacker unterstreichen: „Der Zusammenbruch des traditionellen Verständnisses von Gemeinschaft hat unser Bedürfnis nach sozialer Einbindung nicht vermindert. Vielmehr hat es neotribalistischen Marketingstrategen die Tür geöffnet, Unternehmen wie Harley-Davidson oder Starbucks, die begriffen haben, wie wichtig es ist, Gemeinschaften zu bilden" (Mathews und Wacker 2003, S. 255).

Nicht die Inhalte, sondern ihre Komposition bedingt Individualität

Individualität ist ein Kernwert der Zeit. Individualität bedingt unsere Vorstellung von der Einzigartigkeit jedes Menschen. Die Menschrechte und unsere Auffassung von der Menschenwürde beruhen auf der Tatsache, dass sich der Mensch als Individuum versteht. Allerdings: Individualität basiert nicht auf der „Erfindung" der Welt aus sich selbst heraus. Vielmehr werden Menschen in prägende Gemeinschaften hineingeboren. Sie nehmen die Vielfältigkeit der Welt wahr und komponieren schließlich aus der unendlichen Anzahl der Möglichkeiten und Angebote die Dinge und Inhalte, die ihnen zusagen. Die Auswahl und Präferenz der Persönlichkeitselemente ist absolut frei. Keiner kann geschmackliche Präferenzen erzwingen. Aus der Fülle der bewussten oder unbewussten Gefallensentscheidungen entsteht unsere Persönlichkeit: Wir kleiden uns in Jeans, fahren einen Fiat, verbringen unseren Urlaub in der Provence, trinken gerne Espresso, haben BWL studiert, wohnen in Hamburg, mögen die Farbe blau, umgehen Reisen mit dem Flugzeug, hören gerne Anton Bruckner und Deichkind … nichts von all dem haben wir selbst erfunden, jedoch macht die variantenreiche Zusammenstellung dieser Kulturkörper uns einmalig und lässt ein Bild in unseren Köpfen entstehen – und dabei sind hier nur ein Bruchteil der „Gefallensentscheidungen" eines Menschen aufgeführt. Der russische Philosoph Moissej Kagan fasst diesen Zusammenhang in folgenden Gedanken zusammen: „Es herrscht die Erkenntnis, daß die Kultur nicht nur das gegenständliche Anderssein des Menschen ist, sondern den Menschen in sich einschließt. Sie bildet ihn, erzieht ihn, dringt in sein Bewußtsein und in sein Verhalten, in seine Seele und seinen Körper, so daß der Mensch zum Kulturträger wird und dann, seinerseits, Kultur erschafft, auf sie einwirkt, sie bereichert" (Kagan 1994, S. 91).

Individualität entsteht also in den seltensten Fällen aus dem Hervorbringen von bahnbrechenden Neuheiten, sondern durch die eigenständige Kompositionsleistung vorhandener Elemente im Laufe des Lebens. Leben ist immer

4 Individualität als schöpferische Kraft

leben im Bestehenden – erst dies macht überhaupt das Leben organisch wie auch ideell möglich. Deutlich wird allerdings auch, dass die Anzahl der Wahlelemente im Laufe der Zivilisation kräftig angewachsen ist (ein Mensch des Mittelalters konnte nicht in einen Discounter gehen und dort zwischen sieben Apfelsorten und Ananas auswählen, sondern er musste die Früchte des Feldes essen, wenn genug vorhanden war), aber nahezu sämtlich den Warenmärkten unterliegt. Viele unserer heutigen Persönlichkeitsmerkmale sind käuflich. Sie sind Mittel und Zweck unseres Selbstverständnisses zugleich und deshalb die entscheidenden Treiber der Ökonomie.

Das soziopsychologische Ergebnis der Individualität
Nichts ist empörender für den Menschen als das Bewusstsein der eigenen Irrelevanz. Zu wissen, dass die wenigsten Menschen über die lange Zeit betrachtet Spuren hinterlassen, kann die eigene Existenz in Frage stellen – gerade in einer Zeit nach Gott. Umso wichtiger scheint das Leben im Jetzt: Es gilt demnach, die eigenen ästhetisch-inhaltlichen Konzepte eines gelungenen Lebens zu realisieren. Dabei geht es nicht um die tägliche Neuerfindung – viel eher helfen festgefügte soziale Strukturen dabei, ein „Richtig" oder „Falsch" im Sinne sozial erwünschter Muster zu erkennen.

Für die meisten Menschen ist ein geregelter Tagesablauf mit einer sozialversicherungspflichtigen Arbeitsstelle bei 40 Arbeitswochenstunden, einem zweiwöchigen Urlaub auf den Balearen – immer im identischen Hotel! – und dem samstäglichen Einkauf im gut sortierten Discounter, bei dem man weiß, wo die Reiswaffeln stehen, ein durchaus erstrebenswertes Ziel. Die Unübersichtlichkeit der

Welt gebändigt in den Dingen, die „man tut". Für andere Menschen kann es eine permanente Herausforderung und Entwicklung des Lebens sein: Immer auf der Suche nach noch mehr ... es gilt, aus der Vielzahl der Möglichkeiten die zu erkennen und auszuwählen, die schließlich dazu führen, ein, *sein*, gelungenes Leben zu führen. Waren und Dienstleistungen stehen für die Realisierung dieser Zielsetzung bereit. Dabei handelt es sich in der Warenwirtschaft der Moderne um hochgradig standardisierte Angebote, die der Mensch aber zusammenbringt und kombiniert und dadurch etwas Einzigartiges hervorbringt. Als ökonomisches Objekt war es noch nie so einfach (oder so schwierig), man selbst zu sein.

5

Die schöpferische Kraft der Ökonomie

Was beschreibt die Ökonomie? Grundsätzlich betrachtet sie den Austausch von Waren und Dienstleistungen. Bei genauerer Untersuchung wird deutlich, dass jedes Produkt und jede Dienstleistung örtlichen Ursprunges ist. Es gibt keine Dinge und keine Leistung, die ortlos sind. Dabei muss ein Ort nicht nur eine geografische Herkunft sein, sondern kann auch eine bestimmte Philosophie (z. B. fair gehandelt, biologisch) oder eine Tradition (z. B. Reinheitsgebot) beschreiben. Jede Leistung verbindet über ihren Nutzwert hinaus Geschichten, Merkmale und Attribute. Das bedeutet: Alles kulturell Erschaffene wird durch den Menschen unausweichlich in die Natur eingebettet, zumeist sogar aus ihr heraus gebildet. Die Vorlagen des Ortes werden von den Menschen erschlossen, bearbeitet, veredelt und in Form und Gestalt gebracht. Sei es der

Mais von amerikanischen Kornfeldern, der Apfel aus dem Alten Land, der Fisch aus der Nordsee oder der Käse aus dem Alpenvorland. Kaum wird ein Produkt benannt, schwingt mit ihm zusätzlich eine geografisch-ideelle Bestimmung mit. Die Dinge sind randvoll mit (kollektiv prädisponierten) Vorstellungen.

Es ist eben diese örtliche Spezifik, die die Ökonomie entstehen lässt. Denn andere Orte erkennen, dass die spezifischen Waren und Kenntnisse für sie nicht oder nur nach langer Zeit reproduzierbar wären – einzig die Möglichkeit des Erwerbs, Tauschs oder Raubs kann es ermöglichen, an diesen spezifisch gewollten Dingen und Leistungen zu partizipieren. Durch den Kauf eines Produktes werden die mit ihm verbundenen Vorstellungen so einfach wie möglich transferiert.

Vor diesem Hintergrund beschreibt der Begriff des „oikos", Hauswirtschaft, genau das gewünschte Spezifikum des Ortes. Denn ein Haus ist ein verwurzelter, definierter Raum. Die moderne „Oikonomie" ist der entfaltete Verkehr zwischen diesen Häusern, d. h. diesen Orten. Das gilt für zwei benachbarte Dörfer, aber grundsätzlich für den gesamten Erdball – unabhängig davon, ob Birnen zirkulieren oder Geldgeschäfte zwischen zwei weit entfernten und nur durch einen Computer verbundenen Banken abgewickelt werden. Die Weltverkehrswirtschaft entsteht aufgrund der Besonderheit und Spezifik jedes Ortes. Im Normalfall werden die tradierten, rohstoff-, produktions- und kalkulationsbedingten Leistungen des Ortes ausgetauscht und verkauft.

Wirtschaftssoziologisch gewendet heißt dies, dass der globale Markt ein Wettbewerbsfeld der Herkünfte ist –

dabei hat sich in den letzten Jahrzehnten der Radius dieses Feldes zunehmend ausgeweitet und in seiner Zirkulationsgeschwindigkeit bis zur Schnelligkeit von Lichtimpulsen in Glasfaserkabeln zugenommen. Gerade weil die moderne Welt alles in rasanter Zeit auf unseren Esstisch oder in unser Laptop zaubert und das Angebot an Möglichkeiten, Waren und Dienstleistungen nicht nur groß, sondern nahezu unendlich verfügbar ist, wird aufgrund dieser Unübersichtlichkeit die Frage nach dem „Woher" bzw. „Wer" immer wichtiger. Die Antworten darauf verdichten nämlich die Komplexität des Angebotes in leicht verständlichen, tradierten und durchgesetzten Orientierungsrahmen: Hören wir beispielsweise, dass ein Kleidungsstück aus Italien stammt, dann erhält es automatisch einen Vertrauensvorschuss, Ähnliches gilt für Maschinen aus deutscher Produktion oder High-Tech-Produkte aus Kalifornien. Der örtliche Bezugsrahmen evoziert gelernte Inhalte, die unkontrolliert das Denken des Einzelnen beeinflussen. Die Reputation der Produkte wird unausweichlich durch den Ort der Herkunft gestützt – oder auch nicht. Im Ergebnis heißt das: Als Unternehmen erzeugt man Spezifik für spezifische Käufer, die Spezifika suchen. Dieser Zusammenhang wird von der Marke als Bündnissystem, das Menschen mit einer Leistung eingehen, institutionalisiert.

Der Spezifik verpflichtet
Beim ersten Entwurf (s)einer neuen Idee ist der Unternehmer frei. Er kombiniert bestehende Komponenten zu einem neuen Ensemble. Über die Zeit wird deutlich, welche Leistungsvarianten auf Resonanz stoßen. Dauerhaft

wird nur das reproduziert, was Erträge oder Zustimmung einbringt. Auf diese Weise verpflichtet sich der Unternehmensverantwortliche mehr und mehr zur Treue seinen eigenen Ideen gegenüber, alles andere wäre geschäfts- und erfolgsschädigend. Denn die Entscheidung zur Bindung führt zunehmend zur Investitionssicherheit. Vollständig frei zeigt sich der Initiator also lediglich bei der Entwicklung seiner Idee. Die Freiheit *wovon* changiert mehr und mehr zur Freiheit *wozu*. Der Erfinder muss sich den eigenen Vorgaben zunehmend beugen. Und dies nicht, weil ihm etwa sonst nichts mehr einfiele, sondern weil seine Leistung nun vom Kunden anerkannt und geschätzt wird. Er muss sie in der gewohnten Form immer wieder erbringen.

Auch beim Konsumenten spielt sich diese zunehmende Veränderung der Entscheidungssouveränität ab. Sicherlich ist er beim Suchen eines neuen oder noch nie gekauften Produktes unabhängig; aber die vielen alltäglichen Kaufvorgänge sind irgendwann liebe Gewohnheit geworden: Gerade einmal 488 unterschiedliche Produktarten im Bereich der schnell drehenden Konsumgüter kauft ein durchschnittlicher deutscher Haushalt im Jahr. Angesichts des unendlichen, sich laufend veränderten Angebots sucht auch der postmoderne Mensch nach Konstanten, nach Kontinuität und Verlässlichkeit. Die vielen Angebote, sein Produkt zu individualisieren, ob Müsli oder Sportschuh, werden nur von einem Bruchteil der Menschen tatsächlich genutzt. Kurzum: Standard ist Realität. Der Homo oeconomicus, der aufgeklärte Konsument will sich beim Kauf der alltäglichen Produkte seiner Mündigkeit gerne entledigen. Der Mensch will in vielen Bereichen nicht aufpassen, sondern einer Gewohnheit folgen. Er will nicht mehr prüfen, sondern genießen, kurzum: Freude an der Wiederholung empfinden – es herrscht das reine Lustprinzip.

Die Marke umschreibt eben diesen Idealtypus. Sie begann ihr Leben in den entstehenden Städten, ist also schon einige tausend Jahre alt. Stadtluft macht frei, hieß es im mittelalterlichen Europa. Aber mit der Bewegungs- und Gedankenfreiheit entstand auch das Leben unter und mit fremden Nachbarn. Was früher zwischen sich mehr oder weniger Vertrauten getauscht wurde, musste nun gekauft werden. Dinge und Dienste, die auf dem Lande seit Generationen vertraute Gewohnheit waren, galt es zu erfinden und herzustellen. Im Gemeinschaftlichen bildeten die Städte gesellschaftliche Beziehungen. Die Menschen lebten weiterhin zusammen, aber ihr Verhältnis veränderte, ergänzte, vervollständigte sich. Es wurde zweckorientierter, durch Verträge regelbar, damit auch zukunftsoffener.

Die Entwicklung der Marke ist direkt verknüpft mit dem zunehmenden räumlichen Abstand zwischen Produzent und Käufer. In der Anonymität der Stadt suchten die Menschen nach der vom Lande gewohnten und bekannten Verlässlichkeit, dem Wissen um das Wirken und Tun des Produzenten. So begannen sie, solche Vertrauenskörper auch unter den urbanen Bedingungen aufzubauen. Ziel: Unter Fremden sich so vertrauen, als kenne man sich seit Langem. Dieses Verhältnis aufzubauen und zu pflegen, ist der moderne Wille zur Marke. Als kultureller Leistungskörper arbeitet sie im Zentrum der Gemeinschaft. In der Anonymität der Metropolen wird erneut nach der Verlässlichkeit des Hauses, d. h. der Marke gesucht, da sie das menschliche Grundbedürfnis nach Orientierung und Sicherheit realisiert.

Auch Weltwirtschaft beginnt mit der Hauswirtschaft
Die Marke ist der notwendige Schritt in eine substanzielle Weltwirtschaft, sie bindet und verdichtet Reputation mit einem Namen. Dabei wird deutlich, dass die Marke eben viel mehr ist als ein grafisches Logo oder ein schmissiger Name: Eine Marke konstituiert sich in dem Moment, wenn Menschen übergreifend mit einem Namen bestimmte Leistungen in Verbindung bringen, also ein Vorurteil ausbilden – bei funktionierenden wirtschaftlichen Systemen ein positives Vorurteil, das den Überzeugungsaufwand bei jedem Kaufvorgang drastisch reduziert. Im besten Fall sogar so weit, dass der Kunde „unnachdenklich" kauft.

Im Laufe vieler Erfahrungen bildet sich – wenn sie verlässlich reproduziert werden – einer Leistung gegenüber ein positives Vorurteil. Viele Prüfvorgänge formieren die positiven Urteile zu einem allgemeinen Vorurteil. Der Kunde ist nun positiv vordisponiert und greift „zu einem guten Namen", ohne in diesem Augenblick weiter zu prüfen. Diese Unmündigkeit ist selbst gewollt, denn sie entlastet und macht in einer komplexen Welt frei für Neues. Diese Freiheit entsteht durch eben diese Bindung – ein Paradoxon sozialer Systeme.

Wirtschaft als Kampf der Vorurteile
Wirtschaft ist vor einem soziopsychologischen Hintergrund der Kampf der stärksten Vorurteile gegeneinander.

Wer über starke positive Vorurteile verfügt, muss nicht mehr (kostspielig) überzeugen. Die Kundschaft vertraut dem Anbieter in bewusster „Unnachdenklichkeit". Ein treuer Kunde hat sich aus der „Kampfstellung des bösen Verdachts" (Alexander Deichsel) und angestrengten Prüfens zurückgezogen. Marke ist – in einem sozialpsychologischen Verständnis – eine Verpflichtung, die der Hersteller gegenüber dem Kunden eingeht und beiden Kalkulationssicherheit schenkt.

Vorurteile? Kaum ein Begriff ist so negativ besetzt wie das Vorurteil. Dabei wusste der Sozialwissenschaftler Max Horkheimer, dass sich die Geisteswissenschaften gerne mit den negativen Vorurteilen befassen, aber das positive Vorurteil ebenso wirksam unseren Alltag strukturiert. Der Grandseigneur der Vorurteilsforschung formulierte: „Kein Vorurteil wäre heftiger als die Tatsache kein Vorurteil zu haben" (Horkheimer 1962, S. 5). Man stelle sich die Wahl eines Joghurts im Supermarkt vor ohne den Rückgriff auf Vorurteile – die meisten Menschen wären vor dem Kauf erfroren und verhungert.

Das Vorurteil ordnet. Jeder sucht Ordnung: in der eigenen Wohnung, im Beruf, in der Familie. Nicht weil Ordnung an sich ein Wert ist, sondern weil Ordnung befreit – vom permanenten Zweifeln, Abwägen und Entscheiden …

Das Vorurteil in der wissenschaftlichen Perspektive
„Jedes Wort ist ein Vorurteil", formulierte Friedrich Nietzsche. Das Vorurteil bezeichnet ein Urteil vor etwas (meist einer tatsächlichen, zumeist persönlich erfahrenen Begegnung). Urteil bedeutet in der etymologischen

Herleitung die altertümliche Nominalbildung von „erteilen". Auch die Übersetzung des Wortes Vorurteil ins Englische („prejudice") und seine Ableitung in dem lateinischen Wort „praejudicum" bedeutet wortwörtlich Vor-Urteil.

Dem Wortsinn nach scheint ein Vorurteil ein Urteil zu sein, das auf Grundlage unzureichender bzw. einseitiger Information gefällt und generell auf ein Objekt oder seine Varianten projiziert wird. Selbst bei Erhalt weiterer Informationen wird das einmal gefällte Urteil – teilweise trotz entgegenstehender Hinweise – nicht revidiert oder allenfalls abgeschwächt. Jens Förster weist in seinem Buch „Kleine Einführung in das Schubladendenken" auf einen personalen Aspekt hin: „Vorurteile sind durch Erwartungen gefärbte Urteile, die zunächst nichts mit der Person an sich zu tun haben, sondern mit ihrer Gruppenzugehörigkeit" (Förster 2007, S. 18).

Bis heute besteht keine universelle Definition des Vorurteilsbegriffes. Zahlreiche Denkschulen setzen verschiedene Akzentuierungen aufgrund von unterschiedlichen Forschungszielen, Gesellschaftsbildern oder ihres unterschiedlichen Erkenntnisinteresses. Als übergreifende Klammer fungieren die klassischen Vorurteilsdefinitionen des Sozialpsychologen Gordon W. Allport aus den 50er bzw. 60er Jahren des vorigen Jahrhunderts. Allport entwickelte Vorurteilsdefinitionen, die bis heute in fast sämtlichen Abhandlungen über das Thema zitiert werden. Allport fasst 1954 zusammen: „Vielleicht lautet die kürzeste aller Definitionen des Vorurteils: Von anderen ohne ausreichende Begründung schlecht denken. Diese knappe Formulierung enthält die beiden wesentlichen Elemente aller einschlägigen Definitionen: den Hinweis auf die Unbegründetheit des Urteils und auf den Gefühlston" (Allport 1971, S. 20). Beschaut sich der Leser die nachfolgenden Überlegungen Allports innerhalb des Original-Aufsatzes, so wird etwas Erstaunliches deutlich: Dieses oftmals aufgeführte Zitat beinhaltet eine unerwartete Ausweitung, denn der Sozialpsychologe formuliert: „Sie ist jedoch für die völlige Klarheit zu kurz. Zuerst einmal bezieht sich diese Formulierung auf das negative Vorurteil. Aber manche haben auch positive Vorurteile über andere" (Allport 1971, S. 20).

Einige Jahre später resümiert Davis ähnlich: „Vorurteile sind negative oder ablehnende Einstellungen einem Menschen oder einer Menschengruppe gegenüber, wobei dieser Gruppe infolge stereotyper Vorstellungen bestimmte Eigenschaften von vornherein zugeschrieben werden, die sich aufgrund von Starrheit und gefühlsmäßiger Ladung selbst bei widersprechender Erfahrung schwer korrigieren lassen" (zit. nach: Estel 1983, S. 35). Davis schreibt weiterhin: „Es gibt sowohl positive wie negative Vorurteile. Jedoch wollen wir hier, dem heutigen Sprachgebrauch folgend, unter Vorurteilen nur die negativen verstehen" (zit. nach: Estel 1983, S. 35).

Zwar weist Estel darauf hin, dass es bereits in den 60er Jahren Warnungen von Müller und Lemberg gab, den Vorurteilsbegriff nicht auf seinen negativen Gefühlsinhalt zu verengen, diese blieben offensichtlich unbeachtet (vgl. Estel 1983, 35 f.). Die Wirkungen dieser Nichtbeachtung erfolgten prompt: So definiert Anitra Karsten 1978 dann kategorisch: „Unter einem Vorurteil verstehe ich […] ein vorgefaßtes und negatives Urteil über Gruppen von

Menschen (oder eine unpersönliche Wesenheit, eine Idee, eine Situation, ein Verhalten), und zwar ein Urteil, das gefühlsmäßig unterbaut ist und nicht mit der Wirklichkeit übereinstimmt" (Karsten 1978, S. 122).

Eine Zeitenwende für die Vorurteilsforschung markieren die 80er Jahre des vorherigen Jahrhunderts. Es kommt zu einer entscheidenden Veränderung in Bezug auf die Bewertung des Vorurteils in der Wissenschaft. Man könnte von einer „Rückbesinnung" auf das Gesamtkonzept des Vorurteils sprechen. Deutlich wird dies an der Definition durch Secord/Backman: „Vorurteil ist eine Einstellung, die einen Menschen prädisponiert, von einer Gruppe oder ihren einzelnen Mitgliedern in günstiger oder ungünstiger Weise zu denken" (zit. nach: Ihlenfeld 1987, S. 6). Vorurteile sind nach dieser Festlegung nicht unbedingt „negativ" oder „feindselig". Sie sind vielmehr auf ihren wertenden Charakter beschränkt.

Das (negative) Vorurteilskonzept war – wie bereits oben angedeutet wurde – seit Langem umstritten: Max Horkheimer formulierte in einem Aufsatz aus dem Jahr 1961 sehr deutlich: „Vorurteil nennt ursprünglich einen harmlosen Tatbestand. In alten Zeiten war es das auf frühere Erfahrung und Entscheidung begründete Urteil, praejudicum. Später hat die Metaphysik, Descartes, Leibniz zumal, eingeborene Wahrheiten, Vorurteile im strengsten Sinne, zur höchsten philosophischen Wahrheit erklärt" (Horkheimer 1962, S. 5).

Das Verständnis des Vorurteils hat sich gewandelt. Je komplexer und unübersichtlicher die Sozialität wird, desto unmöglicher wird es, ausgewogene Urteile zu treffen. Die moderne Welt funktioniert – so möchte man vermuten – ausschließlich aufgrund einer Vielzahl von Verkürzungen, Wissensreduktionen und kollektiv geteilter Halbwahrheiten. Es scheint, dass aus dieser Erkenntnis die Forschung den „Wahrheitsgehalt" des Begriffes Vorurteil nicht mehr in das Zentrum der definitorischen Bemühungen legt. Rainer Erb formuliert: „Aus dieser wissenssoziologischen Betrachtung des Vorurteils wird deutlich, welche entscheidende Bedeutung dem Gesellschaftsbild als grundlegend bindender Kontext der Vorurteilsbildung bzw. der Vorurteilskritik zukommt" (Erb 1995, S. 13).

Vor dem Hintergrund der dargestellten Entwicklung erscheint plausibel, dass die Verengung des Vorurteils auf seine negativen Ausprägungen zum Ziel hatte, den Begriff seiner gedanklichen Sperrigkeit zu entledigen, um ihn massengängig verwenden zu können. Bereits Horkheimer hat vor über 50 Jahren auf diesen Zusammenhang hingewiesen. Seiner Vermutung nach stellte die Negativierung des Begriffes Vorurteil einen Systemreflex der desavouierten Nachkriegsgesellschaft dar, um die begangenen Gräuel unter einem vergleichsweise harmlosen Begriff ausdrücken zu können, ohne sie als solche zu thematisieren. Horkheimer dazu: „Der Euphemismus, der Gebrauch des harmlosen Wortes verdankt sich der Scheu, das Furchtbare zu nennen, ähnlich wie man gewaltsame Tötung durch gesellschaftlich bestellte Ordnungskräfte gleichsam beschwichtigend als Hinrichten bezeichnet" (Horkheimer 1962, S. 5).

Vorurteile sind demnach nicht explizit unerwünschte Erscheinungen, sie entstehen in einem sozialen Zusammenhang und haben eine „gesellschaftliche Funktion".

Als individualpsychologisches Konstrukt sind sie in der Lage, den Menschen kontrollierbare Entscheidungsoptionen zu geben. Horkheimer verdeutlicht es plastisch: „Ohne die Maschinerie der Vorurteile könnte einer nicht über die Straße gehen, geschweige denn einen Kunden bedienen" (Karsten 1978, S. 6). Zusätzlich wirkt das Vorurteil als Stabilisator der Gruppe, denn es beinhaltet den Wunsch, die komplexe Außenwelt aus eigener Sicht zu ordnen und zu verstehen, sowie das Gefühl von Selbstbestätigung und Sicherheit zu erfahren: „Der Einzelne kann sich aus solchen Vorurteilsfeldern situativ lösen, wird sich aber als Kulturangehöriger immer wieder in sie einbetten. Vorurteile sind Stabilisatoren innerhalb von Kollektiven jeden Inhalts. Deshalb können sie nie aussterben" (Deichsel 1999, S. 208). Die Verarbeitung und Tradierung von Sinneseindrücken kann nur dann funktionieren, wenn Tag für Tag mit Typisierungen gearbeitet wird.

Deshalb schreibt der Sozialpsychologe Reinhold Bergler: „Kein Vorurteil wäre bedenklicher als die Annahme, ohne Vorurteile leben zu können. Die schlechthin vorurteilsfreie Existenz ist nicht vollziehbar. Das gilt im Prinzip für jeden Bereich, dessen wir uns vital, sozial, intellektuell oder sentimental bemächtigen" (Bergler 1976, S. 7).

Anthropologische Funktionen des Vorurteils
Ein Vorurteil ist – sozialwissenschaftlich betrachtet – Voraussetzung gemeinsamen Wollens. Ein Wir weiß sich einem Anderen gegenüber, gegen das es sich abgrenzen will. Aus der Faszination, die ein Produkt auslöst, entsteht der Enthusiasmus, die gute Leistung dieser Marke öffentlich mitzuteilen. Die Inhalte dieser Mitteilung geben

auch immer das Bild preis, welches wir von uns gegenüber anderen vermitteln wollen („Diesen Tee habe ich auf meiner Reise im Himalaya von einem alten Bauern geschenkt bekommen."). Diese Form der Kommunikation unterstützt die förderliche Wechselbeziehung zwischen dem potenziellen Käufer und dem Produkt: Indem das innovative Produkt – dank des kollektiven Vorurteils – auf viele wirkt, ist sie wiederum für viele erstrebenswert. Das positive Vorurteil breitet sich aus. Gefördert wird dieser Prozess, wenn öffentlich positiv berichtet wird (der Markenbotschafter) und Testberichte einzelne Begabungsfacetten der Marke illustrieren. Damit wird die Lebenskraft des Markensystems verstärkt: Das Vorurteil bekommt gute Gründe geliefert, gleichsam frisches rationales Futter.

Je mehr Menschen ein Vorurteil mit guten Gründen und also im Detail überzeugt teilen, umso mehr erhöht sich die Dichte des sozialen Zusammenhangs. Die Kraft dieses Willens sieht Sigmund Freud in der psychischen Disposition der Menschen für Kollektivmeinungen. Er nimmt an, dass Menschen Gefallen an einem gleichgerichteten Willen haben, weil ihr Ich durch die machtvollere Stellung des Über-Ichs gestärkt wird (Freud 1999, S. 120).

Jedes Individuum hat das Bedürfnis, die Welt aus der eigenen Sicht zu ordnen und bewerten zu können, sein Ge- oder Missfallen an den Dingen auszudrücken – ohne bereitliegende Vorurteile ein unmögliches Unterfangen. Dies zeigt, wie sehr das Wesen des Vorurteils im Wesen des Menschen begründet liegt und warum es so schwer ist, Vorurteile zu entkräften. Albert Einstein soll bemerkt haben: „Ein Vorurteil ist schwerer zu spalten als ein Atom." Bei einer wissenschaftlichen Betrachtung sind diese resistierenden, stabilisierenden und energetischen Fähigkeiten von Vorurteilen maßgeblich für die Bildung von Markensystemen. Vorurteile sind prädisponierende Rahmenbedingungen, um Wirtschaftskörper erfolgreich im Markt zu führen und spezifische Leistungen langfristig im Kollektivgedächtnis zu verankern.

Vorurteile versammeln Menschenmengen zu Masse
Das gleichgerichtete Urteil vieler einzelner, ihr Wollen, verfügt über ein großes soziales Energiepotenzial und ist in der Lage, völlig unterschiedliche Menschen an einem Punkt ihres Wesens zur Einheit mit Durchsetzungs- und Tatkraft zu vereinigen: Es entsteht Masse. Die Vorstellung von Massenversammlungen ist in der modernen, individualistischen Welt ein Schreckensgespenst. Der heutzutage äußerst umstrittene spanische Philosoph José Ortega y Gasset beschreibt den Menschen, der zur Masse wird, mit einer gewissen Abneigung: „Der Massenmensch verachtet alle normalen Zwischenstufen und schreitet unmittelbar zur Erfüllung seiner Wünsche" (Ortega y Gasset 1982, S. 53). Als Masse neigt er zu unbedachter Aktion und kennt kein kultiviertes Zusammenleben. Die Masse beraubt den Einzelnen seiner intellektuellen Fähigkeiten, das prüfende Denken wird ausgeschaltet, so lautet der Tenor. Wer kennt nicht die enthemmte Begeisterung (oder Wut) der Fans in *ihrer* Stadionkurve?

Ein gemeinsames Vorurteil ist die Grundlage jeder Masse-Bildung und verschweißt die heterogene Menge zu homogener Masse, die auf einen gemeinsamen Willen hin verbunden ist, z. B. ein Fußballspiel zu gewinnen oder eine Spitzenlimousine zu fahren. Die Masse muss dafür nicht an einem Ort versammelt sein, sie kann als geistige Verbindung Menschen versammeln, die über den ganzen Erdball verstreut leben. Eine Masse als soziale Willensverbindung reicht so weit, wie das geteilte Vorurteil sie verbindet. Eine Kundschaft bildet eine solche geistige Verbundenheit, die auf dem gemeinsamen Vorurteil über *ihre* Marke basiert.

Wie aus vielen Mengen eine homogene Masse wird, kann alle vier Jahre bei Fußballweltmeisterschaften beobachtet werden, wenn sich ein ganzes Volk solidarisiert. Die Fahnenwimpel auf Millionen deutscher Autos während der Fußballweltmeisterschaft sind seit 2006 eindrucksvoller Beleg dieser Gesetzmäßigkeit: Die Fähnchen schmückten den rostenden DACIA, aber auch den gewienerten Audi A8. Der Soziologe Gustave Le Bon spricht von der seelischen Einheit der Masse, der Massenseele, um zu beschreiben wie das Individuum gemeinsam mit anderen in einen hypnotischen Zustand versetzt wird und seine Gedanken und Gefühle zur Verwirklichung einer Idee nutzt, die ihm angeboten wurde: „Der einzelne ist nicht mehr er selbst, er ist ein Automat geworden, dessen Betrieb sein Wille nicht mehr unter Kontrolle hat" (Le Bon 1982, S. 17). Die immense Steigerung der Affektivität und der Emotion des Einzelnen sei ein Phänomen der Masse („exaltation or intensification of emotion"), die einen erheblichen Genussgewinn beinhaltet, weil die Beteiligten sich energetisch der Leidenschaft ihrer Masse hingeben können und darin aufgehen. Dieser persönliche Vorteil für den Einzelnen aus der Verbindung mit Masse, die Lust am Teilen einer Überzeugung, kennzeichnet starke Marken, die unterschiedliche Individuen und Distinktionsmuster ansprechen, wie es beim generationsübergreifenden „*Panini-Bilder*"-Tauschen zu beobachten ist. Allerdings ist die Marken-Masse nicht chaotisch, sondern in hohem Maße beherrscht.

Deshalb macht es Sinn, zwischen unbeherrschten, zerstörerischen und selbstbeherrschten Massen zu unterscheiden. Damit wird verdeutlicht, dass es sich bei einer Masse wie der Kundschaft um eine im Vergleich stabile Masse mit gefestigten Urteilen handelt. Sie charakterisiert:

- die freiwillige Zusammenkunft auf Basis eines komplexen Erfahrungsurteils und
- eine Zielrichtung des Handelns, das nicht chaotisch entfesselt, sondern auf eine dauerhafte Leistung bezogen ist.

Die Überlegungen der Masse- und Vorurteilsbildung beinhalten einen für den Wirtschaftskörper Marke idealen Gewinn: Kundschaftsmasse verfügt über starke Anziehungs- und Bindungskräfte und zieht weitere affine Außenstehende an – ein Kleidungsstück wird im Vorbeigehen an einer anderen Person bewundert und führt zum Nach-Kauf. Warum stehen auf dem Markusplatz so viele Menschen? Sicherlich weil es dort schön ist, aber wer ist in der Lage, den tatsächlichen kunsthistorischen Wert des Platzes zu beurteilen? Eine andere Antwort scheint plausibler: Auf dem Markusplatz stehen so viele Menschen, weil auf dem Markusplatz so viele Menschen stehen. Kurzum: *Masse zieht Masse an.* Bei dieser Betrachtung wird deutlich, dass erst die uns umgebenden Massen die Grundlage für Individuation bilden: Der Einzelne durchschreitet im Alltag viele Massen, er hat Anteil an den unterschiedlichsten Massenseelen. Sigmund Freud macht deutlich: „Jeder einzelne ist ein Bestandteil von vielen Massen, durch Identifizierung vielseitig gebunden und hat sein Ich-Ideal nach den verschiedensten Vorbildern aufgebaut" (Freud 1999, S. 90).

Der entscheidende intellektuelle Durchdringungsversuch Freuds in seiner Schrift „Massenpsychologie und Ich-Analyse" ist auch nahezu 100 Jahre nach der Ersterscheinung nicht nur interessant, sondern auch plausibel, weil der fundamentale Wunsch nach „Gemeinschaftsbildung" im Sinne einer selbstbeherrschten Masse (im Gegensatz zur Einsamkeit) auf innere Faktoren zurückgeführt wird. Freud weist darauf hin, dass stabile Massen bestehen, in denen Menschen Zeit ihres Lebens agieren. Die sie konstituierenden Kräfte sind am ehesten mit dem Begriff der Libido zu fassen. Damit meint Freud „solche Triebe, welche mit all dem zu tun haben, was man als Liebe zusammenfassen kann. Den Kern des von uns Liebe Geheißenen bildet natürlich, was man gemeinhin Liebe nennt und was die Dichter besingen, die Geschlechtsliebe mit dem Ziel der geschlechtlichen Vereinigung. Aber wir trennen davon nicht ab, was auch sonst an den Namen Liebe Anteil hat, einerseits die Selbstliebe, andererseits die Eltern- und Kindesliebe, die Freundschaft und die allgemeine Menschenliebe, auch nicht die Hingebung an konkrete Gegenstände und an abstrakte Ideen" (Freud 2014, S. 781). Die libidinöse Bindung an ein Objekt hat das Potenzial, unser Gefühl von Einsamkeit zu überwinden, sogar so weit, dass der Narzissmus der Persönlichkeit punktuell zurückgestellt wird. Freud weist darauf hin, dass aus dieser Konstellation ein psychologischer Zustand entsteht, der unter dem Begriff der Identifizierung seinen Siegeszug bis hinein in die Alltagspsychologie vorgenommen hat. Indem ein externes Objekt unsere Gefühle bindet und der libidinöse Aspekt mithilfe der Introjektion des Objektes in unsere Vorstellung der eigenen Persönlichkeit (des „Ichs") integriert wird, verschmelzen Ich und Objekt zu einer (phantasierten) Einheit, die die Wahrnehmung einer Trennung überwindet. In einer idealtypischen Form wählt der einzelne Mensch ein externes Objekt und seine Eigenschaften aus und setzt es als „Blaupause" für sein Ichideal ein – trennt also nicht mehr zwischen seinem Ich und einem selbst entwickelten Ichideal. Freud schreibt nahezu euphorisch: „Wir haben dies Wunder so verstanden, daß der einzelne sein Ichideal aufgibt und es gegen das im Führer verkörperte Massenideal vertauscht" (Freud 2014, S. 815). Neben der Entstehung von Massen hat diese Dynamik den Effekt, „Einsamkeit" als Trennungsgefühl explizit zu überwinden: Das Masseideal wird Teil des Selbst – beliebig abrufbar und ständig präsent.

Soziale Orientierung durch das Vorurteil

Die Sozialpsychologie geht davon aus, dass wir – als Masse-Wesen und als örtliches Individuum – zum allergrößten Anteil geschichtlich geprägt sind. Die Art, wie wir uns kleiden, essen, selbst wie wir reden, ergreifen wir als Angebote unserer Vorfahren. Nichts von alledem haben wir selbst erfunden. Alexander Deichsel beschreibt diesen örtlichen Prozess der Anverwandlung recht trivial: „Der Mensch wird durch den Menschen zum Menschen" (Deichsel 1982, S. 100). Auch Erich Fromm ist überzeugt, dass wir: „… denken (lernen), indem wir andere beobachten und von ihnen unterrichtet werden. Wir entwickeln unsere emotionalen, intellektuellen und künstlerischen Fähigkeiten dadurch, dass wir mit dem angehäuften Wissen und den von der Gesellschaft geschaffenen künstlerischen Leistungen in Berührung kommen" (Fromm 1999, S. 32). Unsere persönliche Welt entfalten wir im Umgang mit den uns umgebenden Kulturen. Ohne soziokulturelle Vorgaben bekäme der einzelne Mensch keine Lebensmuster angeboten und wäre orientierungslos.

Vorurteile vereinfachen, weil sie die Vielfalt individueller Handlungsmöglichkeiten zu einem groben, aber eindeutigen Bild zusammenfassen – analog einer Aufnahme mit der Digitalkamera, dessen klares Gesamtbild seine Grobkörnigkeit nur erkennbar werden lässt, wenn ein Detail ganz nah herangezoomt wird und das zuvor klare Gesamtbild in Millionen einzelne Pixel zerfällt. Diese Synthetisierungsfähigkeit von tausenden Einzelheiten ohne tieferes Detailwissen ist zutiefst menschlich: Niemandem gelingt es, Experte in allen Lebensbereichen zu sein, außerhalb von Familie, Beruf und Hobby steht selten ein selbst aufgebautes Urteil zur Verfügung. Der stetige Ansturm von Eindrücken und Angeboten speziell in der modernen Welt und die einhergehende Notwendigkeit, Entscheidungen rasch und in ungewohnten Situationen zu treffen, ist nur mithilfe von Vorurteilen möglich. Der Mensch wäre ohne ihre Existenz handlungsunfähig –

der Versuch, die Millionen Pixel jeder Digitalaufnahme einzeln und nah zu betrachten, würde jedes Individuum handlungsunfähig machen.

Der menschliche Verstand benötigt zum Denken Kategorien, die der Ahnherr der Vorurteilsforschung Gordon W. Allport nachfolgend erklärt: „Wenn sich Kategorien gebildet haben, werden sie zur Grundlage für das normale Vorausurteil. Diesen Prozess können wir auf keinen Fall vermeiden, denn unser geordnetes Leben beruht darauf" (Allport 1971, S. 34). In diesem Verständnis ist das Vorurteil keine Verfehlung menschlicher Toleranz, wie häufig unterstellt wird, sondern Grundvoraussetzung, um Überblick in der Vielfalt des Alltags zu behalten. Unabhängig davon, ob es im Gespräch um oberflächliche Amerikaner, wackelige Ikeaschränke oder um technische Kompetenz eines Herstellers von Oberklasselimousinen geht.

Die negativen Vorurteile sind eine vertraute Erscheinung
So bitter es für eine humanistische Weltauffassung ist, so klar ist gleichzeitig, dass all diese notwendigen Funktionen von Vorurteilen uns häufig in ihren zerstörerischen Folgen gegenwärtig sind. Im Allgemeingebrauch und in der Forschung wird das Vorurteil deshalb vor allem in seinen negativen Folgen untersucht und erscheint dem Zeitgeist auch heute unheimlich. Dies hat nachvollziehbare Gründe: Der moderne Mensch des 21. Jahrhunderts betrachtet sich als rationales und aufgeklärtes Wesen. Die Tatsache, dass er kollektiv gefüttert und impulsiv, geradezu archaisch gelenkt wird, scheint verstörend. Vor einigen Jahren förderte eine Umfrage des Institutes für Demoskopie in Allensbach zutage, dass nur 21 % aller Befragten

annahmen, dass ihre Entscheidungen und Urteile auch unterbewussten Beweggründen unterlägen. 53 % lehnten diese Vermutung schlichtweg ab (Institut für Demoskopie Allensbach, IfD-Umfrage 7088, Mai 2006). Stattdessen sehen sich die Menschen von zahlreichen Sinnsystemen umgeben, die der Informationsgesellschaft suggerieren, Handeln folge vor allem faktischen Entscheidungen. Der Zeitgeist folgert: Ausschließlich Ignoranten und Unwissende können sich von Vorurteilen leiten lassen.

Neurologisch wurde festgestellt, dass nur ein Bruchteil unserer Sinneswahrnehmungen bewusst abläuft. Unser Bewusstsein ist sehr begrenzt: In jeder Sekunde versorgen die fünf Sinne das Gehirn mit 11 Millionen Bits Informationen, im gleichen Zeitraum verarbeitet unser bewusstes Erleben aber nur ganze 40 bis 50 Bits. Dieses limitierte 40-Bits-Bewusstsein kann sich nicht mit 3000 Werbebotschaften/Tag auseinandersetzen. Daher ist die nichtsprachliche Kommunikation entscheidend: Denn unser Gehirn ist auf Effizienz getrimmt, vor allem auf effiziente Kommunikation.

Die große Chance der Markenkommunikation besteht – wie selbsternannte Neuromarketers verdeutlichen – in den impliziten Codes, welche Zugang zu den 11 Millionen Bits haben, die das Gehirn jede Sekunde aufnimmt. Diese subtilen Markensignale lösen Verhaltensprogramme aus, ohne dass sich die Kunden darüber bewusst sind oder gar Auskunft darüber geben könnten.

Ein zweiter Grund der Ablehnung besteht darin, dass Vorurteile innerhalb der Weltgeschichte zu grausamsten Erscheinungen geführt haben und führen. Populäre, abwertende Vorurteile über Völker illustrieren auf eindringliche Weise Langlebigkeit und Widerstandskraft der Spezies: „die hässlichen Deutschen", „die arroganten Franzosen" oder „die chaotischen Italiener" sind nur einige eher harmlose Belege. Keine noch so engagierte Initiative vermag es, die soziale Energie eines tief verankerten Vorurteils langfristig ins Wanken zu bringen.

Der Grund sollte nun deutlich geworden sein: Vorurteile sind das Ergebnis historisch gewachsener Interpretationsmuster einer kulturellen Gemeinschaft – Überzeugungen, die von einer Generation an die nächste weitervererbt werden. Ferdinand Tönnies hat in seinem Werk „Die Sitte" auf Ursachen dieser sozialen Vererbung hingewiesen: „… Wie die Menschen es getan haben, so ist es bewährt oder erprobt, eben als das Altherkömmliche, als die Weise, die sich in der Überlieferung erhalten hat. […] die Unterwerfung unter die Sitte und die Pflege der Sitte (ist) nur ein besonderer Fall des Gehorsams und der Nachahmung […]" (Tönnies 1909, S. 18). Ein auf diese Weise gefälltes Urteil lässt sich nicht mit ethischer Vernunft oder wissenschaftlicher Logik auflösen. Ein Vorurteil kann man widerlegen, aber nicht beseitigen.

Die Vorstellung von Gemeinschaft im Sinne von Tönnies und das Vorurteil als soziologische Kategorie sind eng miteinander verbunden. Vorurteile sind das Ergebnis eines sozialen Willens. Vorurteile sind das Material, aus dem Gemeinschaften ihre Verbundenheiten bilden. Erst das Vorliegen einer Vorstellung vom „Wir" veranlasst eine Vorstellung vom „Anderen". Es stellt den Fortbestand der eigenen Gemeinschaft sicher, indem es unbekannte Aspekte identifiziert und ggf. ausschließt.

Zugehörigkeit zu einem Kollektiv ermöglicht es dem Individuum, eine weitestgehend sichere emotionale und soziale Bindung zu anderen Gruppenmitgliedern einzugehen. Auf Basis gleicher Einstellungen werden Konflikte und Spannungen reduziert. Auch kann eine Gemeinschaft durch geschlossenes Auftreten Gruppenziele konsequenter verwirklichen. Estel verdeutlicht: „Die Identität eines Kollektives wird weniger durch eine negative, sozusagen passive Abgrenzung von außen als vielmehr durch eine stets neue Realisierung kollektiver Werte und Standards bzw. die Ausbildung und Verfolgung (auch!) daran orientierter spezifischer Ziele in und gegenüber der Außenwelt gewonnen und bewahrt" (Estel 1983, S. 180).

Für eine soziopsychologische Betrachtung der Marke sind eben diese resistierenden, stabilisierenden und energetischen Fähigkeiten von positiven Vorurteilen maßgeblich. Sie sind Instrumente, um Wirtschaftskörper erfolgreich im Markt zu führen und spezifische Leistungen langfristig im Kollektivgedächtnis zu verankern. Die Marke erschafft Kollektive, in denen die Kritikfähigkeit des Individuums extrem reduziert ist. Ihr soziales Bindungsmittel ist das positive Vorurteil.

Positive Vorurteile konstituieren Markensysteme
Im soziopsychologischen Verständnis ist jedes etablierte Unternehmen ein eigener Kulturkörper mit gewachsenen kollektiven Strukturen. Es ist ein individuelles soziales System mit eigenen Regeln und eigener Geschichte: BMW ist nicht Mercedes, obwohl beide Firmen hochwertige Autos bauen. Wie über jede kulturelle Erscheinung, so bilden sich auch über solche Wirtschaftsleistungen im Laufe der

Zeit Urteile: Zunächst haben Käufer Erfahrungen mit den Produkten gemacht und sich eine erste Meinung über das Unternehmen dahinter gebildet. Wird die Produktleistung immer wieder erfolgreich erbracht und findet zufriedene Abnehmer, so baut sich die Grundlage von Markenkraft auf: Menschen, die über den wiederholten Kauf des Produktes und ihre Zufriedenheit mit der Leistung zur Kundschaft werden. Sie haben durch ihre gute Erfahrung Vertrauen gewonnen und erwerben die Leistung „unnachdenklich": „Bewusste ‚Unnachdenklichkeit'" – das Produkt wird bewusst, aber ohne weiteres Nachdenken gekauft. Das Vertrauen hat sich zu einem positiven Vorurteil sedimentiert, der Kunde hat das Nachdenken und Prüfen auf Ruhe gestellt, willentlich eingefroren.

Mit entsprechenden positiven Folgen. Erfordert jedes objektive Urteil vom Einzelnen Kraft und persönlichen Einsatz, weil Wissen erworben, Meinungen eingeholt und Vergleiche vorgenommen werden müssen, so erlaubt ein positives Vorurteil ein bequemeres Leben – sowohl aufseiten der Kundschaft als auch aufseiten des Unternehmens. Prüf- und Überzeugungsaufwand werden drastisch reduziert, Transaktionskosten sinken. Sowohl Kundschaft wie Unternehmen sparen Geld. Der Volkswirtschaftler Carl Christian von Weizsäcker hat in dem Zusammenhang darauf hingewiesen, dass auch in Zeiten der Globalisierung das wirkungsvollste und preiswerteste Mittel der Kundengewinnung Vertrauen ist (von Weizsäcker 1999, S. 249–261).

Symbolkraft der Ware

Marke ist, wenn sie symbolisch wirkt. Das Wort Symbol entstammt dem altgriechischen Verb symbolein, welches zusammenbringen, vergleichen, wieder verbinden meint. So sollen zwei Hälften eines Ganzen wieder als Einheit erkennbar sein; und in der Tat zerbrachen Menschen in der Antike Münzen oder andere Dinge in zwei Teile, gaben einen Teil jemandem mit auf eine Reise oder für eine Erbschaft. Dieser Jemand konnte sich dann bei einer anderen Gelegenheit als der Vertraute beweisen, indem er seinen Teil hervorholte, um ihn mit dem anderen wieder zu verbinden. Passten die beiden Teile zueinander, erkannten sich die Beteiligten als eben jene Vertrauten oder Vertragspartner.

Erinnerungen, Gefallen, Gewohnheit, Orte, Beobachtungen, Erlebnisse, persönliche Kontakte bauen im Menschen – bewusst oder unbewusst – eine Beziehung zu bestimmten Angeboten auf. Das eigene Wissen um die Vorzüge einer Ware verleiht dem Produkt eine besondere Form der „Weihe", der Faszination, die es von anderen Produkten unterscheidet: So versieht erst das kleine grüne Krokodil auf der linken Brustseite das schlichte weiße Polohemd mit einer Anziehungskraft, die es zwischen hundert anderen weißen Polohemden zu einem besonderen Produkt macht und abhebt. Mit dem Emblem haucht die Marke der Ware ihre Seele ein, versieht das Hemd mit fördernder Markenenergie und erhöht seine Anziehungskraft.

Der einzelne Käufer muss nicht die Historie der Marke oder ihre besonderen Qualitätsmerkmale im Detail kennen. Entscheidend ist der Wunsch, an der Markenenergie teilhaben und davon profitieren zu wollen: Es erscheint das positive Vorurteil über die Marke – in Form von Beobachtungen, Ideen, Assoziationen, die mit eigenen Wünschen korrespondieren – fest eingewebt in das Hemd. Klar ist aber auch, dass diese Rückkopplung nur dann funktioniert, wenn das Gegenüber die Zeichen bzw. das Logo oder das Produkt als solches „lesen" kann. Erst wenn übergreifend klar ist, dass ein Mercedes und eine Rolex eher teuer sind und ein Apple-Gerät für Innovation und Kreativität steht, funktioniert die Marke. Zeichen sind Zeichen, weil sie eine universelle Sprache darstellen. Das gilt für Marken umso stärker.

Vertrauen als ökonomische Kategorie
Vertrauen kann nicht beschlossen oder befohlen werden. Vertrauen stellt sich auch meistens nicht ein, wenn es eingefordert wird, sondern Vertrauen entsteht durch gleichbleibende, erwartbare Aktionen über die Zeit. Vertrauen basiert auf Verlässlichkeit – nicht umsonst geht der Wortstamm des Begriffes Vertrauen auf „treu" zurück. Eine starke Marke ist nicht nur ihren Kunden treu, sondern vor allem auch sich selbst. Es geht bei der Zuneigung zu Menschen und zu Marken um das Wissen um vertraute Eigenschaften und den persönlichen Gefallen daran. Ein guter Name entwickelt sich, weil viele Leute positiv über einen anderen Menschen oder eben über ein Produkt sprechen und Vertrauen entwickelt haben.

Das positive Vorurteil über ein Produkt steht am Beginn jeder Markenwerdung. Die Eltern, die ihre Kinder mit Nivea-Sonnenschutz einreiben, vertrauen darauf, dass deren Haut für den Strandtag optimal geschützt ist.

Der Kunde, der eine Garantieversicherung im Internet abschließt, muss darauf vertrauen, dass ihm der Anbieter im Falle eines Falles zur Seite stehen wird, obwohl der Beweis als solcher eigentlich gar nicht eintreten soll. Dabei geht es hier nicht um eine besonders „elitäre" oder „teure" Leistung: Verlässlichkeit in der jeweiligen Liga bedeutet, dass Mercedes Benz andere Erwartungshaltungen einlösen muss als z. B. ein Dacia – strukturell aber eben beide für spezifische Leistungen einstehen.

Waren ordnen Märkte, woran erkennbar wird, dass der Markt Ergebnis von Leistungen ist, nicht deren Bedingung, wie vielfach behauptet wird. Der Markt bildet sich, weil ungezählte Leistungssysteme, unterschiedlich in ihrer Wertposition und Durchsetzungskraft, auf dem Markt ihre individuellen Angebote präsentieren. Auf diese Weise entsteht erst jenes Geflecht aus Leistungen, welches „der Markt" genannt wird.

6

Fazit: Massenhaft einmalig

Dass wir uns einmalig fühlen, heißt nicht, dass wir einmalig sind.
Douglas Coupland

Die vorhergehenden Kapitel haben die soziopsychologischen Tiefendynamiken der Ökonomie freigelegt. Die das menschliche Denken fundamental bedingenden Bedürfnisse machen es schwer, zu glauben, dass eine „rationale" Wirtschaft und damit ein allein „logischer", d. h. zweckorientierter Verbrauch möglich ist. Für ein zu Emotionen fähiges Wesen bilden die Objekte der Ökonomie, also die Waren als Ergebnisse eines gemeinsamen Wollens, das Material für die Entwicklung und die Stabilisierung unserer Persönlichkeit. Wirtschaft ist nicht vernünftig, weil der Mensch nicht nur rational, sondern vor allem emotional geprägt ist.

Jeder Mensch will an der Welt nicht nur teilnehmen, sondern auch teilhaben: Er macht sich die Dinge dieser Welt zu eigen. Menschen suchen die Nähe zum eigentlich Entfernten, die Verbindung zu Epochen und Ereignissen, die längst vergangen sind oder in weiter Zukunft liegen – Gleichzeitigkeit in der Ungleichzeitigkeit. Nicht jeder Ort weckt für alle Menschen die identischen Begehrlichkeiten, aber nur die Dinge, die in irgendeinem Detail besonders sind, haben das Potenzial, unsere Vorstellungswelt zu besetzen und damit Teil unserer eigenen Geschichte, unserer Persönlichkeit zu werden. Dabei ist das Besondere immer konkret: Es besteht aus Gebäuden, Menschen, Tieren, Landschaften oder einem Stil. Es ist ein lebendes System aus unzähligen Details, die sich zu einer Gestalt verdichten – einer Gestalt, die stets mehr umfasst als die Summe der sie bildenden Teile.

Waren oder Dienstleistungen bieten das Potenzial, sich ihnen anzunähern und Teil von ihnen zu werden: Indem wir sie auswählen und als Teil unseres Charakters vereinnahmen und schließlich als unsere Konsumentscheidung nach außen tragen.

Am Ende der Analyse und Betrachtung stehen nunmehr fünf Einsichten:

Erste Einsicht: Nicht erfinden, sondern auswählen macht individuell

Die Freiheit des ästhetischen Urteils ist bei Immanuel Kant ein Kerngedanke. Kant unterschied in der „Kritik der reinen Vernunft" (1781) zwischen „praktischer"

6 Fazit: Massenhaft einmalig

und „transzendentaler" Freiheit: Die praktische Freiheit kennzeichnet ein subjektiv-rationales Abwägen der vorliegenden Sachverhalte, die den Menschen in die Lage versetzt, logische Kausalschlüsse zu ziehen. Darüber hinaus definiert Kant aber noch eine weitere Quelle menschlicher Entscheidungsfindung: Die transzendentale Freiheit ist nur sich selbst verpflichtet und schaltet eine übergreifende Logik weitestgehend aus – ohne unvernünftig oder selbstzerstörerisch zu sein. Sie kennzeichnet „eine Unabhängigkeit dieser Vernunft selbst […] von allen bestimmenden Ursachen der Sinnenwelt" (Kant 1990). Diese Vorstellung kumuliert in Kants Vorstellung des freien ästhetischen Urteils oder „Geschmacksurteils". Der ästhetische Geschmack ist in der Folge „Beurteilungsvermögen eines Gegenstandes oder einer Vorstellungsart durch ein Wohlgefallen oder Mißfallen, ohne alles Interesse" (Kant 1963). Diese Begabung bedingt die unplanbare Unterschiedlichkeit unseres Empfindens und ist Quelle aller Entwicklungskreativität. Denn indem der Mensch ständig das für ihn ästhetisch Ansprechende sucht und oftmals nicht findet, ist er gezwungen, selbst zu erdenken, zu gestalten, zu realisieren. Das ästhetische Urteil ist also nicht nur frei, sondern es ist zugleich gewaltig kreativ.

Vor dem Hintergrund einer – in unseren Epoche en vogue befindlichen wissenschaftlichen Betrachtung – scheint das „Geschmacksurteil" fragwürdig, betont doch eine deterministische Analyse, dass das Verhalten des Einzelnen eben nicht einer freien Willensäußerung unterläge, sondern kausal rückführbar sei: ein Ergebnis sozialer und kultureller Milieus, die die Standards unseres Denkens, aber auch unserer unbewusst erscheinenden

Gefallensurteile bestimmten. Eine neuropsychologische Annäherung würde den aufgezeigten Determinismus biologisieren, indem bestimmte Hirnareale hormonelle Ausschüttungen vornähmen, sofern positiv gelernte Muster aktiviert würden. Diese Form einer modernen Wissenschaft arbeitet auf Basis eines allumfassenden Kausalprinzips von Ursache und Wirkung und unternimmt den Versuch, anhand von messbaren Indikatoren Zusammenhänge freizulegen. Dieser Ansatz bestimmt zwar die wissenschaftliche Diskussion unserer Zeit, allerdings kann auf diese Weise lediglich die Oberfläche eines Phänomens aufgezeigt werden, unklar bleibt, warum – in diesem Fall – der Geschmack eines Menschen unberechenbar ist. Die Kausalität als Erklärung versagt allzu oft und stellt ihre charakteristische Argumentationsbasis infrage, indem die Wahrscheinlichkeit auch bei dieser Anwendung eben nur Wahrscheinlichkeit und nicht Garantie ist.

Zweite Einsicht: Substanz statt Oberfläche
Dagegen versucht eine gestaltimmanente Annäherung, einen Sachverhalt weniger an der Oberfläche, d. h. mit metrischen Indikatoren zu messen, sondern aus dem Sachverhalt selbst heraus. Statt flüchtiger Präzision soll der Kern eines Objektes verstanden werden. Zwar ist die betriebswirtschaftliche Ausbildung heute zahlen- und statistikgeprägt, die Lebenswirklichkeit beweist aber, dass die bloße Beschreibung wirtschaftlicher Kennzahlen noch nicht die besondere Gestalthaftigkeit von CarGlass, McDonalds oder KiK erfasst. Die Tatsache, dass eine Stadt 1,7 Millionen Einwohner hat, eine Gesamtfläche von 755 Quadratkilometern und ein durchschnittliches monatliches

Hauseinkommen von 4110 Euro, veranschaulicht noch nicht die Atmosphäre Hamburgs. Wird der Versuch unternommen, von außen an fragmentierten Einzelheiten und aus unterschiedlichen Perspektiven ein System zu erfassen, dann werden keine lebendigen Subjekte untersucht und vor allem: sie werden nicht fassbar. Zahlen informieren über die Oberfläche eines Systems, aber niemals über sein Wesen und – noch entscheidender – über die Eigenschaften und Leistungen, die den Menschen wichtig sind. Menschen lieben keine Statistiken und Kennzahlen, sondern ein real vorstellbares Objekt.

Ein Ergebnis aus Kennziffern kann immer nur bestimmte Ansichten eines Systems beschreiben und interpretieren – aber es bleiben Ansichten, Wahrnehmungen und Ergebnisse – unabhängig davon, wie präzise dies geschieht. Der auf innen-analytische Weise freigelegte Gegenstand ist dagegen etwas Lebendiges und Lebendiges kann man beeinflussen, Korrelationen nicht.

Systeme sind Produkte eigenevozierter Schöpfung und verändern sich aus *ihrem* inneren Prinzip heraus – jeder Ideenkörper ist von Natur aus normativ. Eben diese Substanzialität ist Ausgangslage für jede Form des soziopsychologischen Verständnisses ökonomischer Prozesse.

Dritte Einsicht: Individualisierungsoptionen im Rahmen einer Struktur
Neben der Aufmerksamkeitsorientierung der modernen Ökonomie kann auch die zunehmende Individualisierung der Produkte und Dienstleistungen kontraproduktiv für den langfristigen Erfolg sein. Denn eine Ware lebt von ihrer Verständlichkeit, d. h. einer universellen Aussage

und Inhalten, die mit ihr übergreifend verbunden werden. Erst auf dieser Basis antizipiert sie den Wunsch des Menschen, Gemeinschaften zu bilden und die Einsamkeit zu überwinden. Das Tragen einer Levis-Jeans macht nur deshalb Sinn, weil die meisten Menschen (weltweit) mit dieser Marke eine bestimmte Wertklasse verbinden. Die Durchsetzungsqualität einer Ware ist daher direkt mit ihrer Aussageklarheit verknüpft. Daraus ergibt sich eine entscheidende Frage: Inwieweit konterkariert der Wunsch, „individualisierbare" Produkte („Customized products") anzubieten, nicht zugleich den normativen Charakter eines markierten Produktes? Wenn eine Ware nur noch auf individuellen Wünschen beruht, so ist ihre normative Aussagekraft gleich Null – denn ihre Aussage ist situativ und „verpersönlicht" – eben gerade nicht universell. Die Tatsache, dass die zahlreichen Individualisierungsoptionen bis heute nur eine marginale Marktbedeutung haben, sind ein Indikator für den Wunsch des Menschen, konkrete Angebote – Lösungen – zu erhalten und keine weiteren Komplexitätsgrade, die das Auswählen definiert. Das mag die Vorstellung des autonom entscheidenden, aller seiner gemeinschaftlichen Fesseln entledigten modernen Menschen verwerfen, aber „frei" zu sein erfordert Kraft – eine Ressource, die in der beschleunigten Zeit knapp geworden ist. Der Verleger und Marketingexperte Wolfgang K. A. Disch entwickelte daher auf Basis seiner mehrere Jahrzehnte umfassenden Erfahrungen folgenden Gedanken: „Die wirklich große Herausforderung an uns lautet: Wir müssen unsere Angebote individualisieren" (Disch 2000, S. 253). Disch unternimmt eine bemerkenswerte Differenzierung: „Also fortsetzen des Segmentierens durch Fragmentieren und dann Herunterbrechen bis auf das einzelne Individuum? [...] Vorsicht hier laufen wir gedanklich schnell in die Irre. Denn so ist es unscharf formuliert. Es geht nicht um das Herunterbrechen auf die Zahl 1 als Kunde. [...] Wenn wir Individuum sagen, dann sollten wir uns darauf verständigen, dass wir den Einzelmenschen in der Gesellschaft meinen. Geht es uns doch nicht um eine individualisierte Gesellschaft, sondern um ein stärkeres Ausleben des Einzelnen in der Gesellschaft – das ICH-sein, das Einzelwesen sein – ohne Berührung zur Masse zu verlieren" (Disch 2000, S. 253). Statt „Marktgesetzmäßigkeiten" gelte es, eigene Lösungsansätze zu erdenken, d. h. Inhalte zu implementieren, die dem Menschen das Gefühl vermittelten, maßgeschneidert seine Wünsche zu erfüllen – im Sinne einer „Verpersönlichung" des Angebotes.

Diese Offenheit und Kultur einer möglichen Fehlertoleranz mag dem herrschenden Zeitgeist in der Ökonomie widersprechen, aber es führt zurück zu dem Punkt, an dem jedes Unternehmen begann: dem Wunsch nämlich, die Welt an einem kleinen Punkt auf eine spezifische Weise zu interpretieren und damit überhaupt erst erkennbar zu werden.

Vierte Einsicht: Ökonomie realisiert soziale Bündnisse
Ökonomie basiert auf einem sozialen Wechselverhältnis.

Im zweckorientierten Austausch treten Wirtschaftsakteure in ein sich unterstützendes Verhältnis, weil jeder in der Kooperation mit dem anderen einen Vorteil erkennt. In Hinblick auf das „soziale Wesen Mensch" ist die Ökonomie daher ein einflussreiches Netzwerk, dass ein fundamentales Bedürfnis – die Überwindung der Isolation und Einsamkeit – in strukturierter Form befriedigt. Daher kann Wirtschaft nur vor dem Hintergrund der anthropologischen Disposition des Menschen verstanden werden: Ökonomie überwindet die Einsamkeit, indem es Soziales schafft.

Dieser Gedanke steht in direktem Widerspruch zu einer zeitgenössischen Ansicht, dass wirtschaftliche Prozesse den Menschen entwurzelten und isolierten – im geisteswissenschaftlichen Sinne „entfremdeten". Der moderne Kapitalismus würde durch Formen der Arbeitsteilung in der Produktion bzw. der Manipulation in der Bedürfniserzeugung die autonome Verfasstheit des Menschen auflösen. Der Mensch ist stattdessen der Spielball einer „unsichtbaren Hand" geworden, die ihn durch einen an der Maschine bzw. den Prozessen der standardisierten Abläufe innerhalb eines Unternehmens dazu zwänge, nicht mehr sich selbst und seinen Bedürfnissen zu folgen, sondern externen Notwendigkeiten. Meist sei er sich dieser Zwänge noch nicht einmal bewusst und wenn, dann führt die unbewusste Realisierung dieser Situation zu pathologischem Verhalten im Individuum oder bei Kollektiven.

Ohne Zweifel ersetzt zunehmend ein mehr gesellschaftliches denn ein gemeinschaftlich geprägtes Verhältnis das Wirken der Akteure im Markt: Der Mensch wurde zu Zeiten des ungezügelten Kapitalismus im 19. Jahrhundert als „Mittel zum Zweck" begriffen mit unvermeidlichen sozialen Gegenaktionen, die im Aufbegehren die unerträgliche Situation zu verbessern suchte. Heutzutage scheint der soziale Konflikt (zumindest in der westlichen Welt umso mehr auf Kosten des Südens) eingedämmt und auf einem menschenwürdigen Niveau kontrolliert. Der tätige Mensch muss heute noch arbeiten, um sein Einkommen zu sichern, allerdings „versklavt" die Arbeit nicht mehr vollständig – auch der arbeitende Mensch besitzt Rechte. Arbeit ist nur noch ein Teil der Bündnisbildung. Deutlich wird aber auch, dass die Intensität des Konsumierens und Kaufens allumfassend ist: Die Privatisierung ehemals landeshoheitlicher Bereiche (u. a. Post und Telekommunikation, Strom, Wasser, Bildung) sowie ein werblicher Overkill von 3000 Werbebotschaften pro Tag dominiert das individuelle Denken inhaltlich und in seinen Gestaltvorstellungen. Hinzu kommt ein weiterer Befund: Das Selbstverständnis über die Aufgaben wirtschaftlicher Akteure verändert sich: War in der „old economy" der legitime Zweck eines Unternehmens, mit seinen Produkten Geld zu verdienen (von denen alle in verschiedenen Graden profitierten), so schreibt sich heute die Avantgarde der globalen Wirtschaft nicht weniger auf ihre vor allem elektronischen Banner als die „Verbesserung der Welt" – liest man die Selbstbeschreibungen und Mission Statements von Unternehmen wie Alphabet, Facebook, Microsoft, Amazon oder Ebay. Diese vermeintliche ethische Haltung verdeckt aber, dass die wirtschaftlichen Konzeptionen dieser Unternehmen in den untersten Stufen der Wertschöpfungskette darauf beruhen, Errungenschaften der vordigitalen Ära abzuschaffen: Jedem Menschen ist bewusst, dass Amazon seine Lagerarbeiter nicht ordentlich bezahlt, jeder weiß, dass Apple-Geräte unter zweifelhaften Bedingungen in chinesischen Fabriken gefertigt werden und jedem ist klar, dass Google für seine Mitarbeiter zwar Obstteller bereitstellt und abenteuerliche

Firmenausflüge organisiert, dass aber ein geregeltes Privatleben nicht möglich ist (deswegen arbeiten größtenteils ungebundene Mittzwanziger dort). Dass überhaupt nahezu sämtliche Waren des heutigen Konsums irreparable Schäden hinterlassen, ist bereits bei oberflächlichem Nachdenken deutlich. In vielen Bereichen herrscht vorgeblich eine nahezu lückenlose „Ethik-Kette des guten Gewissens", die allerdings nur das Ende der Wertschöpfungskette beachtet – aus gutem Grund.

Indem der Kauf einer Ware „edle Intentionen" mit einschließt, wird der Konsum sozial akzeptabel und verdeutlicht den Willen zur Gemeinschaftsbildung. Allerdings: Gemeinschaften sind idealtypisch betrachtet nie ethisch – sie sind zutiefst moralisch. Im Alltag werden diese beiden Begriffe oftmals gleichgesetzt, obwohl sie etwas vollständig Gegenteiliges beschreiben. Moral beschreibt immer den Lebenszusammenhang einer Gemeinschaft, z. B. „die Moral der Truppe". Moralisch ist, was die Gemeinschaft zusammenhält. In der Gemeinschaft wirken Triebkräfte wie Ehre, Stolz und Tradition. Es ist – wieder idealtypisch betrachtet – ein Bündnis mit denen, die man nicht infrage stellt.

Ethik dagegen ist immer unmoralisch. Anders formuliert: „Ethik ist ein Bündnis mit anderen – sogar an sich Fremden. Ethik ist das gedachte Bündnis mit der Menschheit. Nicht die in einer historischen Örtlichkeit, in einem gemeinschaftlichen Umfeld, sondern die Brüderschaft mit allen Gleichen des Menschengeschlechtes drängt zu ethischem Handeln. Nicht nur alle Heutigen, auch alle noch nicht Geborenen gehören diesem Bündnis an. Mit Blick auf die Zukunft sollten wir dies und jenes heute nicht tun – so spricht die Ethik. Moral muss man uns nicht predigen, wir leben sie täglich. Ethik bedarf der ständigen Beschwörung. „Wir werden, wir wollen", so spricht die Moral; „Wir müssten, wir sollten" formuliert die Ethik" (Deichsel et al. 2017, S. 177).

Ausgestattet mit diesen Begrifflichkeiten wird deutlich, dass die Debatte über die entscheidenden Dimensionen sozialen und ökonomischen Wandels verkennt bzw. nicht wahrhaben möchte, dass unterschiedliche Kräfte wirksam sind, die allerdings – jede für sich – Menschen vereint … unter unterschiedlichen Vorzeichen: Das Leben besteht aus ethischen *und* moralischen Bestandteilen. In einem Wechselspiel pendeln wir als Menschen, die im Tagesverlauf unzählige „soziale Kreise" durchlaufen, immer zwischen ihnen.

Gerade weil wir in Zeiten leben, in denen alles *gleich gültig* ist, aber eben doch nicht *gleichgültig,* bilden die wahrnehmbaren Ausprägungen ökonomischen Handelns – die Marken – die Möglichkeit, Moral als die wesensprägende Form menschlichen Sozialbewusstseins zu leben: Als BMW-Fahrer oder Apple-Nutzer vertreten wir die Moral unserer Truppe und bekennen uns zu ihr.

Auf diese Weise wird deutlich, dass der ökonomisch agierende Mensch zunächst über den Austausch selbst sozial agiert. Darüber hinaus kommt aber noch ein weiterer Aspekt zum Tragen: Der postmoderne ökonomische Austauschprozess bedingt im besten Fall die Möglichkeit, an Gemeinschaften schnell und unmittelbar teilzuhaben. Zumeist die einzige Bedingung: die Zahlbereitschaft.

Wenn Karl Marx *einen* Tatbestand mit Recht bewusst gemacht hat, dann diesen: Waren sind vergegenständlichte Sozialbeziehungen. Ein Gegenstand ist nicht leblos; er ist aufgeladen mit Vorstellungen, Zuschreibungen und Bildern. Waren sind erst als Subjekte Objekt; erst wenn sie uns etwas bedeuten, üben sie Anziehung aus. Indem wir ein spezifisches Produkt auswählen, demonstrieren wir der Welt um uns herum auch immer, wie wir verstanden werden wollen: Porsche oder Dacia, Hugo Boss oder C&A, Studiosus Reisen oder Tui, Adidas oder Nike, Tchibo oder Starbucks… mit jeder Entscheidung bestimmen wir unsere Position in der Welt. Jeder Warenkauf ist ein symbolischer Vorgang, der voraussetzt, dass unsere Aussage verstanden wird, die Sprache des Konsums universell ist. Der französische Ökonom Jean-Noel Kapferer sprach bereits in den 1990er Jahren von der Marke als „Esperanto des Handels".

In der Tat wirken Produkte als Symbolträger nur, wenn die Symbole selbst inhaltlich vorweggenommen werden können, möglichst viele Menschen verstehen, was die „Aussage" der Ware ist: Eine Rolex-Uhr macht nur dann Sinn, wenn global klar ist, dass es sich bei einer Rolex um eine teure Uhr handelt. Der Käufer will in seiner Entscheidung verstanden werden. Ein Unternehmen hat (vor allem) über seine Kommunikation sicherzustellen, dass der Botschaftswille der Kundschaft verstanden wird. Vor diesem Hintergrund ist es umso entscheidender, dass es einer symbolhaften Ware gelingt, eindeutige Inhaltsstrukturen unter ihrem Namen überpersonell zu entwickeln und zu verdichten. Vertrauen und Bindung entsteht, wenn der Leistungserbringer für etwas steht und eben durch dieses

Bekenntnis Orientierung, Verlässlichkeit und Teilhabe an einer Gemeinschaft ermöglicht.

Fünfte Einsicht: Gemeinschaften strukturieren Märke
Jeder sucht Ordnung: in seinem Land, seiner Stadt, der eigenen Wohnung, im Beruf, in der Familie. Nicht weil Ordnung an sich ein Wert ist, sondern weil Ordnung befreit – vom permanenten Zweifeln, Abwägen und Entscheiden und uns die Sicherheit gibt, in einer komplexen Welt Ankerpunkte zu haben.

Je unübersichtlicher die Welt ist, desto deutlicher wünscht sich das Individuum Spezifik. Gestaltlebewesen, wie beispielsweise ein Ort, beweisen, dass über anfassbare Dinge hinaus auch Anziehungskräfte über Ideen entwickelt werden können. Ein Volk, eine Familie, ein Produkt mögen höchst unterschiedlich sein, aber sie alle haben etwas gemeinsam: Sie sind alle individuell und wollen ihre Interpretation der Welt in ihrem Umfeld durchsetzen. Der Mensch liebt das Besondere, denn das Besondere macht ihn selbst besonders. In einer geistesgeschichtlichen Epoche, die sich vollends im Jetzt versteht, umso mehr.

Das markierte Produkt als Treibstoff der Ökonomie wird erst dann verständlich, wenn man versucht, seine massenwirksamen Dynamiken mit einem „soziopsychologischen Werkzeugkasten" zu verstehen. Marke ist nämlich ein soziales Phänomen, das ökonomische Auswirkungen hat – und nicht umgekehrt. Ob wir es wollen oder nicht: Der Mensch komponiert unaufhörlich aus den ihn umgebenden Subjekten bestimmte Interpretationen und Gefühlswelten.

Dabei bilden vor allem die Orte zentrale Bezugsgrößen – gerade in einer beschleunigten Welt. Besondere Orte sind vielfältig und nahezu unendlich vorhanden. Hinter jeder Stadt folgt eine weitere Stadt, Familie Meier ist nicht Familie Müller, auch wenn sie im gleichen Haus leben – jedes gedankliche Objekt funktioniert nach eigenen Regeln und Sitten – deshalb sagen uns einige Orte und Familien sofort und andere überhaupt nicht zu. Interessanterweise existiert das Wort „Heimat" nicht im Plural. Orte bündeln und kräftigen Gemeinschaften. Ihre Logik und Begründung liegen allein in sich: Das, was bei dem einen richtig ist, mag bei dem anderen falsch sein, aber eben diese Differenz konstituiert Gemeinschaften – indem (bewusst oder unbewusst) ausgewählt wird, was uns gefällt.

Gemeinschaften sind viel mehr als eine juristische Definition, sondern Lebenszusammenhänge, die Menschen miteinander eingehen. Gemeinschaften sind immer exklusiv, haben ihre ganz eigenen Gewohnheiten und auch Waren. Ihr Erfolgsgeheimnis bleibt der Wille zur Differenz. Denn niemand wird von einem Niemand angezogen. Indem die Differenz deutlich wird, vergegenwärtigen wir uns durch die anderen: Einmaligkeit ist die Voraussetzung, sich selbst wahrzunehmen.

7

Schlussgedanke: Individualität als Zielgröße des 21. Jahrhunderts

Geschichtlich betrachtet sind Waren mit Botschaftscharakter alt: In Pompeji finden sich Bemalungen an Häuserwänden, die wortreich zu Besuchen nahegelegener Weinstuben einladen. Historiker stellten fest, dass römische Tonkrüge der Antike den Aufdruck „sine cera" – ohne Wachs – trugen. Ein Leistungsbeweis, der den Kunden deutlich machte, dass dieser Hersteller nur Krüge allererster Güte herstellte und etwaige Risse im Gefäß nicht mit Wachs kaschierte – eines der ersten Markenzeichen. Im Mittelalter prägen die Handwerkszünfte ihr Siegel auf die hergestellten Waren, um auch außerhalb eines räumlich eng begrenzten Herstellungsortes die „Zünftigkeit", also die nach bestem Handwerksbrauch gefertigten Waren zu belobigen. Und in der frühen Neuzeit wiesen Handwerker mit sog. „trade cards" auf ihre besonderen Leistungen mit Bild und Text hin. Als Massenphänomen sind Marken in Deutschland eng mit der Industrialisierung und der Gewährung der Gewerbefreiheit zu Beginn des 19. Jahrhunderts verknüpft: Mit der zunehmenden Verstädterung kam es auf der einen Seite zu einer immer größeren Distanz zwischen Herstellern einer Ware und ihren Käufern und auf der anderen Seite erlaubte die Konzentration potenzieller Käufer in einem räumlich überschaubaren Gebiet eine in die Zukunft gerichtete Produktion. Marken waren in einer Welt, in der die meisten Käufer keinerlei Verbindung zum Lieferanten ihrer Milch, ihres Brotes oder ihrer Zahnbürste hatten, ein Mittel, um dennoch Kenntnis und eine zu erwartende Leistung unter einem bestimmten Namen öffentlich zu verankern. In einem anonym werdenden Markt galt es, Vertrauensvorschüsse zu sichern. Oder wie es ein Sprichwort sagt: Vertrauen hat man immer nur in Vertrautes.

Die kurze geschichtliche Herleitung offenbart die Struktur von markierten Waren. Vor einem soziopsychologischen Fokus sind markierte Produkte zunächst ein System, dem es gelingt, bestimmte Leistungsprognosen zu verkörpern. Dabei ist es egal, wie groß oder wirtschaftlich bedeutsam ein Unternehmen ist. Es ist unerheblich, ob es sich um ein multinationales Unternehmen oder um einen Imbiss handelt, sofern Menschen mit einem Namen gleichgerichtetes Wissen verbinden und durch die Einlösung der Erwartungen im besten Falle sogar Vertrauen.

Der Soziologe Niklas Luhmann bezeichnete Vertrauen als einen Zustand, in dem wir uns in gewissen Grundzügen schon auskennen, schon informiert sind, wenn auch nicht vollständig. Indem wir eben dieses Wissen besitzen, wird der Komplexitätsgrad der Umwelt reduziert. Plötzlich ergeben sich in die Zukunft gerichtete Handlungsoptionen.

Der Mensch ist von sich aus ein soziales Wesen. Und weil wir beobachten, dass die ganze Welt sich in Familien, Nationen oder Fußball-Clubs verbündet, werden wir ständig animiert, selbst Bündnisse einzugehen – um nicht allein zu sein. Die Art der Bündnisse in den vergangenen Jahrzehnten hat sich fundamental verändert. Es gilt: Ray Ban statt Religion. Allerdings: Das Auflösen tradierter Formen sozialer Bindungen hat das Bedürfnis nach Zugehörigkeit zu einer Gemeinschaft nicht reduziert – im Gegenteil. Waren werden immer wichtiger, weil sie die Funktion anderer Gemeinschaftsträger übernehmen.

Von Martin Heidegger stammt Grundsätzliches zu diesem Thema: Unser Leben, unser DA-SEIN entsteht ausschließlich durch Ausgrenzung, weil wir permanent immer nur eine einzige Möglichkeit aus der Unendlichkeit der Möglichkeiten auswählen (können). Diese „existenzielle Schuld" ist gekennzeichnet durch verpasste Chancen und Möglichkeiten, immer, permanent und fundamental. Kurzum: Wenn ich mich einem Menschen oder einer Gruppe zuwende, Gemeinschaft bilde, dann drehe ich dem Rest der Welt den Rücken zu. Spinoza formulierte viel klarer: „Omnis determinatio est negatio" (Jede Bestimmung ist auch gleichzeitig Ausschluss). Der Wille zum Sozialen bringt automatisch und unwiderruflich das A-Soziale, das Abgrenzende und die Konfrontation hervor – nicht als wertende, sondern als beschreibende Kategorien zu verstehen.

Dieses Verbundenheits-Karussell dreht sich immer und immer schneller, weil die Menschen der Moderne sich ständig mit allem und jedem verbinden (sollen und müssen), sehen wir neben den Gesichtern auch immer mehr Rücken … so bedeutet Kommunikation nicht per se das Gute, sondern auch die Exklusion. Modernität existenzialistisch. Das reale Leben richtet sich nicht nach unseren edlen Absichten. Oder die Worte von Johann Wolfgang von Goethe gewendet: Es wirkt die Kraft, die Gutes will und Böses schafft.

Im Kern substituiert die Massenware den Wunsch nach Individualität, denn Marken bieten das Material zur Individualisierung. Das Verhältnis zwischen Masse und Individuum gilt als Beschreibung von zwei Extremen. Die Masse würde den Einzelnen entpersonalisieren, aber als „Deutsche", „Berliner" oder „Konservative" ist die Masse in uns. Indem wir Produkte und Dienstleistungen mit Botschaftscharakter wählen, deren Inhalte möglichst weitläufig bekannt sind, werden wir als individuelle Wesen wahrnehmbar.

Und so bleibt im Ergebnis, dass der Massenartikel eben nicht vereinheitlicht, sondern individualisiert. Waren und Dienstleistungen sind das Recht auf Ungleichheit auf Basis standardisierter Dinge.

Über viele Epochen war das „Spurenhinterlassen" – ob durch Kinder, Paläste, Gedankenbauwerke – konstituierend für die Existenz. Den wenigsten gelingt das, obwohl wir vermeintlich doch so „selbstbestimmt" sind und permanent uns selbst verwirklichen. Milan Kundera beschreibt diesen Gedanken knackig: „Europa hat Europa auf fünfzig geniale Werke reduziert, die es nie verstanden hat. Stellen Sie sich diese empörende Ungleichheit vor: Millionen Europäer, die nichts bedeuten, gegen fünfzig Namen, die alles repräsentieren! Die Ungleichheit der Klassen ist ein bedeutungsloses Detail, verglichen mit dieser beleidigenden metaphysischen Ungleichheit, die die einen in Staubkörnchen verwandelt, während sie den anderen den Sinn des Seins auferlegt."

Wenn wir also die Welt selbst nicht aus den Angeln heben und die wenigsten unsere Namen in 100, 80 oder 50 Jahren noch kennen werden, dann möchten wir doch bitte für den einen, für den besonderen Menschen, der uns auf unserem Lebensweg begleitet „die Welt sein". Oder aber – und da sind wir in der Konsumpsychologie angekommen – übertragen in unbewusster Kenntnis der Unerreichbarkeit der Liebe das Objekt der Begierde in der Warenwelt. Dass so mancher Mann stillschweigend seinen Abend lieber im Auto denn auf dem Sofa mit seiner Frau verbringt, ist (ab einem bestimmten Alter) Allgemeinwissen. Zum Glück gibt es noch die Warenwelt, denn sie schenkt uns das Gefühl von Daheim und so ist es nur konsequent, dass die öffentliche Symbolik diesen gedanklichen Schritt im Rahmen der Werbung verdichtet hat: Was wir dort in den vergangenen Jahren nicht alles per Slogan lieben durften: Autos (Opel), Fastfood (McDonalds), Technik (Saturn).

Es ist mitnichten so, dass sich hinter der Fassade der Wareninflation ein Feuerwerk der Vielfältigkeit verbergen würde. Viel eher erweist sich bei näherer Betrachtung von Menschen die verheerende und bisweilen aufs Gemüt drückende Erkenntnis der Gleichartigkeit. Von den ca. 100 Milliarden Menschen, die bisher auf diesem Planeten gelebt haben, waren und sind die wenigsten wirklich bahnbrechend „anders". Man mache sich nichts vor: Zum Schluss geht es um die kleinen Dinge, die das Leben charakterisieren. Diese „kleinen Dinge" sind oft Produkte oder Dienstleistungen, die wir gezielt prüfen, auswählen und irgendwann in unseren Alltag integrieren. Sie werden zu unserem Leben.

Dafür ist aber nötig, dass eine Allianz von Werbeexperten und Marketingmanagern in ihren Designersesseln sitzt und wie am Fließband unverdrossen Zeitgeist produziert. Dass es seit Generationen wirkt und die Wirtschaft immer schneller und immer globaler am Laufen hält, ist nicht der Perfidie oder dem Können der kommunikativen Einflüsterer geschuldet, sondern – so wollte dieser schmale Band deutlich machen – einzig und allein dem Gefühl der Einsamkeit.

Literatur

Allport GW (1971) Die Natur des Vorurteils. Kiepenheuer & Witsch, Köln

Augé M (2010) Nicht-Orte. C. H. Beck, München

Crary J (2014) Schlaflos im Spätkapitalismus. Wagenbach, Berlin

Dahrendorf R (2007) Auf der Suche nach einer neuen Ordnung. C. H. Beck, München

Deichsel A (1982) Soziologie. Eine Einführung. Bertelsmann, Gütersloh

Deichsel A (1988) Die Erbsünde des Sozialen. Oder: Warum der Mensch nicht von Natur aus ein soziales Wesen ist. In: Annali die Sociologia/Soziologisches Jahrbuch. Università degli Studi di Trento. Dipartimento di Teoria, Storia e Ricerca Sociale 4(1):183–189

Literatur

Deichsel A (1999) Herkunft, Geschichte, Vorurteil – Energiefelder im internationalen Wettbewerb. In: Brandmeyer K, Deichsel A (Hrsg) Jahrbuch Markentechnik 2000/2001. Deutscher Fachverlag, Frankfurt a. M.

Deichsel A (2006) Markensoziologie. Deutscher Fachverlag, Frankfurt a. M.

Disch WKA (2000) Menschen im Markt. Wunsch nach Individualität – trotz der Masse. Market J 5:250–261

Freud S (2000) Massenpsychologie und Ich-Analyse. (Studienausgabe, Bd. IX). Fischer, Frankfurt a. M.

Fromm R (1999) Märchen, Mythen, Träume. Rowohlt, Reinbek bei Hamburg

Horkheimer M (1962) Über das Vorurteil. In: Arbeitsgemeinschaft für Forschung des Landes NRW, Heft 108, S 5

Kagan M (1994) Mensch. Kultur. Kunst. Rolf Fechner, Hamburg

Kanellopoulos P (1936) Reine und angewandte Soziologie. Hans Buske, Leipzig

Kant I (1990) Kritik der reinen Vernunft. Felix Meiner, Hamburg

Kant I (1963) Kritik der Urteilskraft. Reclam, Stuttgart

Klein N (2000) No logo. Flamingo, London

Le Bon G (1982) Psychologie der Massen. Rowohlt, Reinbek bei Hamburg

Marx K (1973) Das Kapital. Kritik der politischen Ökonomie. Erster Band. Dietz, Berlin (Ost)

Mathews R, Wacker W (2003) Bunte Hunde. Mit abseitigen Ideen zum Erfolg. Europa Verlag, Hamburg

Ortega y Gasset J (1956) Der Aufstand der Massen. Rowohlt, Reinbek bei Hamburg

Pessoa F (2010) Das Buch der Unruhe. Ammann Verlag, Zürich

Pohrt W (2012) Kapitalismus forever. Über Krise, Krieg, Revolution, Evolution, Christentum und Islam. Bittermann, Berlin

Schmoll T, Winkelmann M (2015) Grüne Propaganda. enorm 15(5), Hamburg

Simmel G (1987) Das individuelle Gesetz. In: Das individuelle Gesetz. Philosophische Exkurse. Suhrkamp, Frankfurt a. M.

Simmel G (1996) Philosophie des Geldes. Suhrkamp, Frankfurt a. M.

Sloterdijk P (1998) Blasen. Suhrkamp, Frankfurt a. M.

Sombart W (6. März 1908) Die Reklame. Der Morgen

Steiner G (2008) Warum Denken traurig macht. Suhrkamp, Frankfurt a. M.

Tönnies F (1909) Die Sitte. Rütten & Loening, Frankfurt a. M.

Waldrop MM (1993) Inseln im Chaos. Die Erforschung komplexer Systeme. Rowohlt, Reinbek bei Hamburg

Waßner R (2015) Die letzte Instanz. Religion und Transzendenz in Ernst Jüngers Frühwerk. Traugott Bautz, Nordhausen

von Weizsäcker CC (2001) Vertrauen als Koordinationsmechanismus. In: Brandmeyer K, Deichsel A, Prill C (Hrsg) Jahrbuch Markentechnik 2002/2003. Deutscher Fachverlag, Frankfurt a. M.

MIX
Papier aus verantwortungsvollen Quellen
Paper from responsible sources
FSC® C105338

If you have any concerns about our products,
you can contact us on
ProductSafety@springernature.com

In case Publisher is established outside the EU,
the EU authorized representative is:
**Springer Nature Customer Service Center GmbH
Europaplatz 3, 69115 Heidelberg, Germany**

Printed by Libri Plureos GmbH
in Hamburg, Germany